现代农业
防灾减灾技术

周广胜 周 莉 主编

XIANDAI NONGYE

FANGZAI JIANZAI JISHU

中国农业出版社

北 京

现代农业防灾减灾技术
编写者名单

主编 周广胜 周 莉

编委 汲玉河 吕晓敏 周广胜

周 莉 周梦子 石耀辉

CONTENTS 目　录

 现代农业防灾减灾技术

第一章
农业气象灾害

一、气象和农事

气象指发生在大气中的风、云、雨、雪、霜、露、虹、晕、闪电、打雷等物理现象。

气象因素指表明大气物理状态、物理现象的各项要素，主要包括气温、气压、风、湿度、云、降水以及各种天气现象。

气象条件是影响事物存在、发展的气象因素状况。

农事指耕地、施肥、播种、田间管理（除草、防倒伏、喷洒农药、病虫害防治、防寒、防冻、防旱、浇水、防涝、排灌）、收割、收获、贮藏、六畜管理（饲养、疾病预防）等农业生产活动。

农业生产活动与气象条件有着密切的关系。气象条件是农业生产的重要环境条件，当气象条件达到农作物生长发育需求时，气象条件是农业生产的气候资源；当气象条件不能达到农作物生长发育要求时，就会对农作物生产产生负面作用，甚至造成农作物减产歉收。农业生产是在自然多变的气候环境下进行的，对天气和气候的变化非常敏感。农业生产管理和农作物生长发育的每个环节都在很大程度上依赖于气象条件，农业气象条件异常或农业利用不当就会发生农业气象灾害。反映气象与农事密切关系的代表性事例就是二十四节气，它不仅反映季节变化，而且能够指导农业生产。二十四节气是人们根据地球在黄道（即地球绕太阳公转的轨道）上的位置变化制定的，每个节气分别对应太阳在黄道上每运动15°所到达的位置制定的气候规律。二十四节气以地球围绕太阳公转的一个周期作为一个轮回，基本概括了一年中不同时间太阳在黄道上不同的位置、寒来暑往的准确时间、降雨降雪等自然现象发生的规律，并记载了大自然中一些物候现象的时刻。它将太阳周年运动轨迹划分为二十四等份，每一等份为一个节气，始于立春，终于大寒，周而复始。二十四节气的名称与特点如下。

春季

立春： 春季的开始。公历2月3—5日交节。

雨水： 降雨开始，雨量渐增。公历2月18—20日交节。

惊蛰： 春雷乍动，惊醒了蛰伏在土中冬眠的动物。公历3月5—7日交节。

春分： 昼夜平分。公历3月20—22日交节。

清明： 天气晴朗，草木繁茂。公历4月4—6日交节。

谷雨： 雨量充足而及时，谷类作物能茁壮成长。公历4月19—21日交节。

夏季

立夏： 夏季的开始。公历5月5—7日交节。

小满： 麦类等夏熟作物籽粒开始饱满。公历5月20—22日交节。

芒种： 麦类等有芒作物成熟。公历6月5—7日交节。

夏至： 炎热的夏天来临。公历6月21—22日交节。

小暑： 气候开始炎热。公历7月6—8日交节。

大暑： 一年中最热的时候。公历7月22—24日交节。

秋季

立秋： 秋季的开始。公历8月7—9日交节。

处暑： 炎热的暑天结束。公历8月22—24日交节。

白露： 天气转凉，露凝而白。公历9月7—9日交节。

秋分：昼夜平分。公历 9 月 22—24 日交节。

寒露：露水以寒，将要结冰。公历 10 月 8—9 日交节。

霜降：天气渐冷，开始有霜。公历 10 月 23—24 日交节。

冬季

立冬：冬季的开始。公历 11 月 7—8 日交节。

小雪：开始下雪。公历 11 月 22—23 日交节。

大雪：降雪量增多，地面可能积雪。公历 12 月 6—8 日交节。

冬至：寒冷的冬天来临。公历 12 月 21—23 日交节。

小寒：气候开始寒冷。公历 1 月 5—7 日交节。

大寒：一年中最冷的时候。公历 1 月 20—21 日交节。

二、农业气象灾害

气象条件是农业生产的重要环境条件，农业生产管理和农作物生长发育的每个环节都在很大程度上依赖于气象条件。农作物生长发育需要一定的气象条件，当气象条件不能达到要求时，气象条件就会对农作物的生长和成熟产生不利影响，甚至导致农作物减产歉收。造成农作物减产歉收的不利气象条件称为农业气象灾害。

农业气象灾害可依据引起农业气象灾害的不同气象因素进一步划分。与温度因素有关的农业气象灾害有高温热害、冷害、冻害、霜冻、热带作物寒害等；与降水和降雪因素有关的农业气象灾害有旱灾、洪涝灾害、雪害和雹害等；与风因素有关的农业象灾害有风害；与多个气象因素有关的农业象灾害有干热风、连阴雨等。

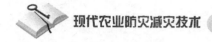

三、现代农业

农业是利用动植物的生长发育规律，通过人工培育获得产品的产业。它以土地资源为生产对象，以有生命的动植物为劳动对象，获得的产品是动植物本身，是支撑国民经济建设与发展的基础产业，属于第一产业。研究农业的科学是农学。

现代农业是在现代工业和现代科学技术基础上发展起来的农业，是利用具有生物效应的电、声、光、磁、热、核等物理因子调控动植物的生活环境及其生长发育，促使传统农业逐步摆脱对化学农药、化学肥料、抗生素等化学品的依赖以及自然环境的束缚，获取优质、高产、无毒农产品的环境调控型农业。现代农业不再局限于传统的种植业、养殖业等农业部门，还包括生产资料工业、食品加工业等第二产业以及交通运输、技术和信息服务等第三产业的内容，其核心是建立贸工农一体化的产业体系，依据市场的需求兴办农产品加工业，依据农产品加工业的需要去组织农产品的生产。贸工农一体化的产业体系从根本上解决了农业走向市场的问题，避免了传统农业经营规模小，农业产前、产中、产后、销售相互脱节的不良影响，有利于农业从单纯原料生产向完整的产业体系转变，有利于带动区域经济的平衡发展和城乡经济的协调发展。

现代农业主要特征包括：

①科学化的农业。即现代科学技术在农业中得到广泛应用，农业生产由顺应自然变为自觉地利用自然和改造自然，由凭借传统经验变为依靠科学。

②工业化的农业。即工业部门生产的大量物质和能量投入到农业生产中，以换取大量农产品。

③商品化、社会化的农业。即农业生产实现区域化和专业

化，农业由自然经济变为高度发达的商品经济。

四、现代农业防灾减灾

现代农业防灾减灾基于现代农业的贸工农一体化产业体系采取的系统性气象灾害防御措施与减缓适应对策，以统筹协调和优化配置全社会的减灾资源，科学指导防灾、抗灾和救灾等各个减灾环节，最大限度和高效率地减轻农业气象灾害的损失，包括改善作物局部生境和增强作物生产系统减灾能力，针对不同作物和气象灾害类型的减灾和避灾措施，形成政府主导、农业企业发挥市场机制和公众广泛参与的多元主体协同发力的综合减灾格局。

我国地处地球环境变化最大的季风气候区，幅员辽阔，地形结构特别复杂，具有从寒温带到热带、湿润到干旱的不同气候带区。天气、气候条件年际变化很大，气象灾害频发，农业受气象条件影响剧烈。据统计，农业气象灾害引起的我国粮食产量损失通常占到总损失的70%～80%。特别是当前气候变暖背景下极端天气、气候事件频发引发了我国农业气象灾害的新特点，如北方干旱缺水与南方季节性干旱加剧，干旱伴随高温使危害加重；大雨、暴雨频次增加导致部分地区洪涝与湿害加重，新疆融雪性洪水频发；高温热害加重，低温灾害总体减轻，但黄淮地区霜冻有所加重；平均风速减弱导致大风、冰雹、沙尘暴等灾害总体减轻，但局部地区仍较严重；小麦干热风危害有所减轻，但雨后枯熟危害加重；太阳辐射减弱导致雾霾天气增多阴害加重。气候变暖还导致植物病虫害危害期提前和延长，范围北扩，繁殖加快。同时，经济社会转型也导致农业系统的某些矛盾加剧，如生产资料与劳动力成本明显上升，青壮劳力外出打工使许多气象减灾措施难以落实；城市与工业耗水增加严重挤占农业用水，人为加重了农业干旱；一些农民针对气候变暖的盲目应对措施，如过早播种和使用生育期过长的品种，人为加剧了低温灾害。

现代农业气象防灾减灾需要从改善作物局部生境和增强作物生产系统减灾能力两方面着手，其基本思路是：第一，要加强农业基础设施与防灾工程建设，完善农业气象灾害监测、预警和预报体系，调整种植结构与作物品种布局，提高农业气象防灾能力；第二，要培育抗逆、高产、优质品种，利用有利天气实施人工作业，提高农业气象减灾能力；第三，研发推广灾后补救技术，健全多元救灾体制，扩大农业气象灾害保险，提高农业气象救灾能力；第四，政府要加强减灾管理，统筹协调全社会减灾资源，加大支农和减灾投入，加强政策引导，提高应对农业气象灾害的科学决策水平。

现代农业气象减灾要针对不同作物和气象灾害类型采取减灾和避灾措施。玉米、小麦和水稻是我国的主要粮食作物，总产占全国粮食总产的 90％ 以上。其中，玉米是最重要的饲料粮，主要灾害包括旱灾、涝灾和冷害等；小麦是北方居民的主粮，主要灾害包括旱灾、霜冻、湿害和冻害等；水稻是南方居民的主粮，主要灾害包括冷害和热害等。

现代农业气象防灾减灾是一项复杂的系统工程，要形成政府主导、农业企业发挥市场机制和公众广泛参与的多元主体综合减灾格局，统筹协调和优化配置全社会的减灾资源，科学指导防灾、抗灾和救灾等各个减灾环节，加强风险管理与能力建设，最大限度和高效率地减轻农业气象灾害的损失，保障我国的粮食安全和农业的可持续发展，包括建立健全农业减灾的各级管理机构，农业气象灾害的风险分析、评估、区划、监测、预报、预警等业务以及主动及时地人工影响天气作业，针对不同灾种和不同作物的可操作性区域应急预案与重大农业气象灾害协调联动机制，加强减灾工程建设与备灾物资储备，建立按流域统筹分配水资源的制度和编制节水农业发展规划，总结提炼和集成现有农业防灾减灾实用技术并在广大农村推广普及，建立主要作物品种抗逆性鉴定制度并编制品种适宜种植区划，大力推进农业气象灾害保险试点，构建并普及主要粮食作物不同产区适应气候变化的防灾减灾农业技术体系，构建具有中国特色的农业气象减灾理论体系与区域性减灾技术体系。

防抗干旱技术

一、基本概念

（一）干旱

干旱指水分难以满足植物生长发育、人类生存和经济发展需求的现象。

干旱对作物的危害程度与干旱发生的季节、作物的种类、品种和生育期有关。春季干旱影响春播，或造成春播作物缺苗断垄，并影响越冬作物的正常生长。7～8 月的伏旱，在中国北方，影响玉米、高粱、水稻的正常生长，也会造成棉花的蕾铃脱落；在中国南方，影响早、中稻的正常灌浆和晚稻的移栽成活。秋旱影响秋作物的产量及越冬作物的播种。伏旱和秋旱都会使土壤的底墒不足而加剧次年的春旱。

作物对干旱的抵抗能力称为抗旱性。不同作物的抗旱性不同，水稻的抗旱性最差，遇干旱、无灌溉条件时减产严重；旱稻其次；大麦、小麦、黑麦、燕麦、花生等作物抗旱性中等；糜子、高粱、粟、马铃薯、甘薯、绿豆等作物抗旱性较强。

我国发生干旱最严重的地区有甘肃中部、宁夏南部、山西和陕西北部、内蒙古自治区的中西部以及河北省坝上地区等（图 1）。防御干旱主要靠发展水利灌溉事业、植树造林、改革农业结构、改进耕作制度以及加强农田基本建设等。

图1　严重干旱

（二）生理干旱

生理干旱是指土壤不缺水，但由于不良土壤状况或根系自身的原因，使根系吸不到水分，植物体内发生水分亏缺的现象。

不良土壤状况包括盐碱、低温、通气状况不良、存在有害物质等，都阻碍根系吸水，使植物发生水分亏缺。

（三）气象干旱

气象干旱也称大气干旱，指某时段内，由于蒸发量和降水量的收支不平衡，水分支出大于水分收入而造成的水分短缺现象。

气象干旱通常以降水的短缺作为指标，最明显的表现是降水量持续低于某一正常值。

（四）农业干旱

农业干旱以土壤含水量和植物生长状态为特征，是指在农作物生长发育过程中因长期无降水（或降水较少）、土壤含水量过低和作物得不到适时适量的灌溉，致使农作物生长发育受到抑制，导致明显减产，甚至绝收的一种农业气象灾害。

影响农业干旱程度的主要因子有：降水、土壤含水量、土壤质地、气温、作物品种和产量以及干旱发生的季节等。

（五）水文干旱

水文干旱指地表或地下水水量的短缺，通常是指河川径流低于其正常值或含水层水位低于平均含水量的现象，主要特征是在特定面积、特定时段内可利用水量的短缺。如果在一段时期内，流量持续低于某一特定的阈值，则认为发生了水文干旱，阈值的选择可以依据流量的变化特征，或者根据需水量来确定。

二、粮食作物抗旱技术

（一）春玉米

1. 灾害症状 干旱对春玉米各生育期都会造成危害，但不同生育期的需水量不同，对干旱的敏感性也不同。春玉米的需水关键期一般包括拔节期、孕穗期、抽穗期、灌浆期等生育期，此时的需水量最大，占整个生育期需水总量的 60%～70%。拔节到抽雄，称为穗期，这时营养生长和生殖生长同时进行，是叶片增大、茎叶伸长等营养器官旺盛生长和雌雄穗等生殖器官强烈分化与形成期，是玉米一生中生长发育最旺盛的时期。这段时间的植株生理活动机能加强，新陈代谢最为旺盛，对水分的要求也达到一生中的最高峰，称为玉米需水的"临界期"，伏旱时有发生，常常造成"卡脖旱"，延迟抽雄和授粉时间，降低结实率而影响产量。玉米经历了抽雄、开花、吐丝，到成熟，称为玉米的花粒期。这个时期玉米基本停止营养生长，进入以生殖生长为中心的时期。其间需要充足的水分把茎叶积累的营养物质运转到籽粒中去，其水分状况比生育前期更具有重要的生理意义，此时如果出现干旱，对产量影响很大。春旱时期，玉米出苗率低，幼苗的长势变弱，夏、秋季节性干旱使春玉米提早成熟，生育期缩短，单株最大叶面积持续时间缩短，叶面积迅速下降，果穗变短，穗粒数减少，线性灌浆期缩短，千粒重降低，最终导致减产。不同生育时期干旱胁迫导致叶绿素含量、光合速率、酶活性等都有不同程度的降低，平均叶片长度、平均叶片宽度、单株鲜重、单株干重、单株叶面积、叶面积指数、产量及产量构成因子均有不同程度的下降。

2. 抗旱技术

①选择适宜品种，防止越区种植。因地制宜，选用抗旱性强、丰产稳产性好、增产潜力大、熟期适宜、通过国家或省级审定、在当地种植表现优良的玉米品种。杜绝品种越区种植，避免种植生育期偏长的品种，确保安全成熟，提高玉米产量和籽粒品质。春旱年份和地区要注意选择苗期耐低温、种子拱土能力强、籽粒灌浆和脱水快、较抗旱的玉米品种。

②搞好整地施肥，打好播种基础。秋整地的基本方式有两种形式：一种是秋翻地后直接进行耙压作业；另一种是秋季直接灭茬，然后起垄、镇压。秋翻地的时间，一般在10月末基本翻完，应抓紧有利时机进行耕翻、耙压，有冻层时不能进行作业。不具备秋翻条件的或没有秋翻能力的地方，可采用秋灭茬同时起垄的办法进行整地，灭茬后及时起垄，同时进行镇压，避免失墒。针对土壤墒情不足的情况，通过深松整地、"小垄改大垄"、保护性耕作等农艺措施，提高土壤抗旱效

果。对旱情较重且没有水源条件的地方，尽量少动土，采取原垄卡种，减少土壤水分蒸发。要根据不同土壤肥力，科学合理搭配肥料，做到有机肥与无机肥配合、氮磷钾与微肥配合、基肥与追肥配合，提倡"重施底肥、氮肥分追"，防止"一炮轰"。施用有机肥，不仅能培肥地力，还能改善土壤物理环境，提高土壤持水保墒能力。增施钾肥能通过减少植株蒸腾损失来提高水的利用率，增强作物自身的抗旱力。有条件的地方可实行化肥开沟深施，切忌地表撒施，做到种、肥隔离，避免肥料烧种子和幼根，影响出苗。避免盲目施肥和过量施肥造成生理干旱。

③适期适墒播种，提高播种质量。根据土壤墒情和温度，适期适墒播种。适时早播，可以延长玉米生育期，积累更多的营养物质，种子充实饱满、产量高。经过低温和干旱环境锻炼，地上部分生长缓慢，而根系向下有利于蹲苗，并使得生殖生长处于高温高湿阶段，有利于灌浆成熟，并可减轻或躲避病虫危害、"卡脖旱"和晚秋低温等不良气候的影响。一般4月下旬至5月上旬，当5厘米处地温稳定到高于10℃时即可播种，播期过早易导致低温烂种和地下害虫、玉米丝黑穗病等土传病害，播期过晚会影响植株正常生长发育及籽粒后期灌浆和脱水。对秋整地田块，要抓住春季返浆期及时镇压保墒播种，尽可能少动土，以保墒情；对秋季未整地田块，宜采取春季顶浆灭茬，原垄播种，适时抢墒早播。要充分发挥农机作用，加快整地播种进度。播种前进行种子精选和晾晒，挑选均匀一致的种子，应用保水剂、抗旱剂、生根粉、玉米浸种剂等化学药剂进行浸种或拌种，或直接选用包衣种子，可以提高出苗率、成苗率和整齐度，杜绝白籽下地。合理应用玉米抗旱增产剂，可以很好地吸收土壤中的深层水分，进而减少土壤中的水分蒸腾和渗漏，并且可以在玉米根系的周围形成一个小水库，供玉

米根系吸收利用。

④推广抗旱技术，力争一播全苗。根据生产基础和资源条件，因地制宜推广成熟实用、简便高效的抗旱节水技术。一是坐水种技术。充分发挥坐水种技术成本低、易操作、结构简单、机动灵活、不受地形限制等特点，与行走式注水点播机等农机具配套使用，一次完成开沟、注水、点种、施肥、覆土和镇压作业，确保苗齐、苗匀、苗壮。二是膜下滴灌技术。有条件的地方可大力推广膜下滴灌技术，该技术是目前最节水、节能的新型灌溉技术，不仅集约利用灌溉用水，而且有效避免土壤表层水分蒸发、深层水分渗漏和地表径流，提高水肥利用效率，满足玉米生长发育所需的水温条件。三是地膜覆盖增温保墒技术。玉米覆膜种植具有增温保墒、集雨抗旱、提质灭草等作用，通过起垄覆膜，积蓄自然降水，减少水分蒸发，将无效降水变为有效降水，提高降水利用率，增强玉米抗旱能力。南方丘陵旱地多、地形地貌复杂，许多保水抗旱的农艺措施如深耕、滴灌等因操作困难而难以在农业生产中发挥优势作用。目前，南方地区使用较多的保水措施主要为地膜和秸秆覆盖，在作物生产中能起到抗旱减灾、增产增收作用。

⑤实行合理密植，构建适宜群体。根据品种特性及各地生态条件、土壤肥力、施肥水平和管理水平等进行合理密植。一般土壤肥力较高、种植耐密型品种的地块，每亩*适宜密度4 500株以上；土壤肥力较低、品种耐密性稍差的地块，每亩适宜密度4 000～4 500株。对非单粒精播地块，应及早间苗定苗，一般3叶期间苗，4～5叶期定苗。综合考虑各地生态条件、土壤肥力、施肥和管理水平，根据品种特性合理密植。合

---

* 亩为非法定计量单位，1亩≈667米^2。——编者注

理间苗，及时去掉小苗、弱苗、病苗，如遇缺苗可在同行或相邻行就近留双株，确保每亩适宜的基本苗。

⑥玉米幼苗移栽。为了减少春旱对人们造成巨大的经济损失，玉米幼苗移栽是一项可实施的措施。它很大程度上实现了节水和省时省力的效果，可用较少的水培育出尽可能多的优质的玉米幼苗，用来保证大田苗全、苗壮。采用幼苗移栽技术，可以躲避东北春季第一场透雨前的干旱时期，预防苗期干旱，增产效果显著。玉米幼苗移栽技术的推广，降低了春旱给玉米带来的巨大危害。

⑦及早进行管理，促进幼苗正常发育。出苗后，应及时中耕灭茬，破除土壤板结，活化土层，促进根系生长。对田间杂草多的地块，及时结合中耕松土，消灭杂草，减少肥水损耗。对因肥力不足、覆土过深等原因引起的弱苗，以速效肥料穴施于植株附近，促进快生快长。要加强金针虫（叩甲的幼虫）、地老虎、黏虫等苗期虫害监测，及时开展药剂防治。

（二）夏玉米

1. 灾害症状 在夏玉米营养生长阶段，干旱使干物质更多地分配向茎秆，导致叶面积扩展乏力，生殖生长阶段干旱减少干物质向贮存器官的分配从而影响产量。干旱将减缓夏玉米营养生长阶段的发育速度，但加快生殖生长阶段的发育进程，使玉米灌浆期等时间变短。夏玉米全生育期土壤相对湿度下降1%，其地上总干重和穗干重均下降0.55%，而产量将减少155千克/公顷。

根据不同生育阶段和干旱发生的季节特点，可以把夏玉米干旱灾害类型分为三种，即初夏干旱、伏天干旱和秋天干旱。初夏干旱指在夏玉米的播种期和苗期出现的干旱，影响夏玉米的播种出苗，造成玉米播期推迟、出苗不齐，进而影响玉米的产量。伏天干旱指在伏天（通常指7月中旬至8月中旬的三伏时段）发生的干旱，俗称伏旱。此时，夏玉米正值孕穗、开花授粉期及籽粒形成时期，也是夏玉米全生育期中需水最多和干旱反应敏感时期。此时发生干旱对玉米造成的危害最为严重，因而这个时期发生的旱灾也被称为"卡脖旱"，会影响夏玉米抽雄开花和吐丝、授粉与结实，进而造成严重减产。秋天干旱指8月下旬至夏玉米收获这段时期发生的干旱。8月中旬以后，夏玉米已经进入籽粒灌浆期。此时玉米对土壤水分的要求不高，但是水分不足将使玉米的灌浆速度下降和灌浆持续时间缩短，甚至引起籽粒败育。不同生育期干旱均会抑制植株株高和叶面积指数增长，受旱越重，株高和叶面积指数越小。苗期重度干旱的果穗最短，拔节期重度干旱的次之；抽雄期重度干旱的穗粒数最少，灌浆期重度干旱的百粒质量最小。

2. 抗旱技术 夏玉米抗旱技术可分为长期防御技术和应急减灾技术两类。

长期防御技术主要包括9个方面：

①选用抗旱品种。玉米品种间耐干旱灾害的能力有所不同，耐旱性强的品种根系活力强，遇旱减产幅度小。在生产中选用耐干旱、抗灾能力强的品种，是预防干旱灾害的有效办法。选用良种时必须根据品种的特点和适应范围，充分考虑当地的自然条件，旱情发展情况，科学选用高产抗旱的夏玉米品种，做到因地制宜。

②抗旱播种和及时灌溉。抗旱播种指在夏玉米的前茬作物收获后，如果墒情适宜一定要抢墒播种，如果表层墒情不足而底墒较好可以适当深播种，把种子播入湿润的土壤中，并注意浅覆土；覆土后要及时镇压，使土壤紧实，以利于底层水分上升和提高出苗率。如果土壤墒情太差就要采取造墒播种，可以先造墒后播种，有喷灌条件的地区也可以先播种，然后再浇

水。播种前种子晾晒，并用多功能防旱剂拌种。提高种子的发芽势、发芽率，为苗齐、苗全打好基础。一般播种后不宜大水漫灌，以免影响出苗或漫灌后遇雨引起芽涝。

③合理密植。玉米的抗旱性与种植密度有紧密的联系，在其他因子相同的环境中，适宜的种植密度有利于增强玉米的抗旱能力。密度过低，土壤裸露，土壤水分蒸发量大；密度过大，植株高度增加，茎秆细弱，根系发育相对不发达，吸水能力明显降低。在遇到干旱灾害时，密度高的田块减产幅度明显加大。因此，在没有灌溉条件的田块种植玉米切忌密度过高。但对于旱情较重可能影响正常出苗的地块，可适当加大播种量，确保足够的基本苗数。

④及时定苗，构建群体。为确保群体合理，要按照品种的适宜密度及时进行间苗、定苗，一般在3叶期间苗、5叶期定苗，拔除弱小植株，提高幼苗整齐度，改善通风透光条件。对于单粒精量播种的地块，无须进行间苗、定苗，但要视出苗情况及时查苗、补苗，防止出现缺苗断垄。

⑤增施肥料。增施肥料指增施有机肥及磷、钾肥作底肥。增施有机肥，可以改良土壤结构，促使玉米根系下扎；同时，可以提高土壤的水肥调节能力，改善土壤的蓄水、保水和供水能力，减轻玉米的旱灾损失。

⑥中耕松土。中耕松土能明显调节土壤的水分、空气和温度。雨前中耕能使耕作层多蓄水；雨后中耕能减少水分蒸发，改善土壤的通气状况，促进根系生长，也能提高速效养分含量。中耕松土除了能增强玉米的抗旱性，还能清除杂草，减轻杂草争肥、争水，提高水肥的有效利用率。

⑦秸秆覆盖。用前茬作物的秸秆覆盖在夏玉米田间。秸秆覆盖使土壤处于遮阴的环境中，可以减轻土壤水分蒸发损失，保持土壤湿度；减缓降雨对地面的冲刷和雨水聚集，降低地面

径流，改善土壤水分蓄积能力。秸秆覆盖增强了玉米田间蓄水、保水能力，延长了有效供水的持续时间，提高了夏玉米的抗旱御灾能力；同时，秸秆覆盖还能对杂草滋生起到明显的抑制作用。

⑧加强农田水利基本建设，提高防灾减灾能力。农田基本建设应该坚持旱能浇、涝能排的原则，以保障玉米安全正常生产。

⑨建立人工影响天气的联防机制。建立自动气象站，对夏玉米生长期间的干旱、暴雨、雪灾、大风、高温多湿等灾害性天气进行全天候观测。拓宽气象服务渠道，及时发布干旱等不同等级的预警信号。充分利用报纸、网站、广播、电视、手机短信、显示屏等及时将灾害天气情况和灾害性天气防控技术传递到千家万户。

应急减灾技术主要包括4个方面：

①充分利用灌浇和化学调控手段，减缓高温干旱不利影响。在夏玉米生育期处于夏、秋异常高温时期，应采用漫灌、人浇等方法，及时引水抗旱，改善田间小气候，减轻高温干旱对作物花器官和光合器官的直接损害，以利夏玉米高产。合理进行化学调控，包括肥药混用、多种药剂复合混喷，可提高使用效果，有效控制株高，提高光合作用能力。夏玉米高温干旱期间，必须对玉米进行人工辅助授粉，以减缓干旱的不利影响。

②广辟抗旱水源，做到能浇尽浇。玉米植株对水分需求量增大，要克服靠天等雨的侥幸心理，充分利用一切抗旱水源，开沟引渠，打井提水，加快浇水进度，扩大灌溉面积，力争做到能浇一垄是一垄、能浇一亩是一亩。同时，根据实际情况采用喷灌、沟灌、分段灌、小畦灌、管道输水、隔沟交替灌溉等节水技术，提高水分利用率，减轻高温干旱对玉米造成的不利

影响。

③因地因苗因墒施策，搞好分类管理。在水资源调配上，要将有限的水源重点调配到保墒效果好、增产潜力大的中高产田。对于苗情不同的地块，要先灌生长至大喇叭口期的玉米，后灌已经抽雄散粉或处于拔节前后的玉米。岗坡、丘陵水源紧缺区，可通过划锄保墒，减少地面水分蒸发，延长玉米耐旱时间。已经抽雄散粉的玉米采取人工辅助授粉，减少高温对结实率的影响。对尚未形成农业干旱的地区，及早做好各项抗旱准备，对受灾严重绝产地块及时改种补种，弥补灾害损失。

④肥水齐攻，促进生长发育。对于已灌溉的夏玉米地块，有条件的地方灌后要采取浅中耕，切断土壤表层毛细管，减少田间水分蒸发。近期出现降水的地方，要及时追施穗肥，每亩追施尿素15～20千克，促进玉米快速生长。对旱情没有解除的地块，要及时喷施叶面肥，降温增湿，提高植株抗旱能力。对生育期延迟、苗小苗弱的地块，要增施尿素，加快生育进程。同时，要注意防病治虫，减轻危害损失。持续高温干旱条件易引起黏虫、蚜虫、玉米螟等病虫发生，要根据植保部门发布的病虫信息，及时开展应急防治。

（三）冬小麦

1. 灾害症状　冬小麦不同生育期干旱影响的形态特征不同。在冬小麦播种至3叶期，不同干旱程度导致的植株形态特征不同。轻旱条件下，冬小麦出苗受轻微影响，出苗时间有所推迟，但出苗比较整齐。中度干旱条件下，冬小麦播后镇压或深播部分种子可吸水出苗，但出苗困难且不整齐，幼苗生长缓慢；白天麦苗出现轻度萎蔫现象，但夜间可恢复。重旱条件下，冬小麦不能适时播种，即使深播也难以出苗；已经播种的田块出苗不齐，苗势弱，生长缓慢，田块内缺苗断垄现象达

10％~20％（缺苗断垄指条播方式田块，小于 10 厘米长度内无苗为缺苗，不少于 10 厘米长度内无苗为断垄）；白天麦苗出现萎蔫现象，但至夜间少部分可以恢复。特旱条件下，已经无法适时播种，已经播种的田块无法正常出苗，部分已经伸出的胚芽出现干缩现象；已出苗的田块内麦苗瘦弱，叶色灰黄，田块内缺苗断垄田块超过 20％，并有点状死苗现象发生；白天麦苗出现萎蔫现象，夜间少部分可以恢复。

冬小麦 3 叶至越冬停止生长前，轻旱条件下，冬小麦分蘖迟缓而少，下部叶片发黄（枯黄叶片指叶片绿色部分不足叶长的 1/2），上部 20％左右的叶片在中午前后出现卷曲现象。中度干旱条件下，冬小麦分蘖迟缓而少，叶片中午前后出现凋萎现象，但夜间可恢复。重度干旱条件下，冬小麦苗势弱，分蘖较少，次生根发育不良，1/3 的叶片和 50％以上的叶尖发黄、卷曲，田块内 50％左右的植株出现萎蔫现象，在夜间少部分可以恢复。特旱条件下，冬小麦分蘖较少，次生根数量少，植株除心叶外的叶片基本发黄，尤其是下部叶片枯黄，且田块内 20％左右的植株出现萎蔫现象，在夜间少部分可以恢复；同时，田块内有点状死株或幼茎死亡现象。

冬小麦越冬期，轻旱条件下，冬小麦植株下部叶片部分发黄，上部 1/3 的叶片在中午出现短时卷曲现象。中度干旱条件下，冬小麦植株下部叶片枯萎，苗势弱，上部 1/3 的叶片在中午出现萎蔫现象，至夜间可恢复。重度干旱条件下，冬小麦植株中下部叶片枯黄，次生根发育不良、数量少，田块内 50％左右的植株出现萎蔫现象，但在夜间可恢复。特旱条件下，冬小麦植株大部分叶片枯萎，次生根发育不良、数量少，田块内有点状死株或幼茎死亡现象。

冬小麦返青至拔节期，轻旱条件下，冬小麦返青和拔节稍迟，春季分蘖较少，中午叶片卷曲，傍晚可恢复正常；下部叶片枯黄，株高略偏矮。中度干旱条件下，冬小麦返青和拔节推迟，春季分蘖少，冬前分蘖退化，中下部叶片枯黄，株高偏矮。重度干旱条件下，冬小麦返青和拔节明显推迟，春季分蘖很少，冬前分蘖明显退化，田块内有 50%~60% 的叶片枯黄，株高明显偏矮，少部分幼茎死亡。特旱条件下，冬小麦拔节明显受损，没有春季分蘖，冬前分蘖大量退化，田块内有 60% 以上叶片枯黄，部分幼茎提前死亡。

冬小麦拔节至抽穗（开花）期，轻度干旱条件下，冬小麦少数植株叶片中午轻度萎蔫，下午可恢复正常；下部部分叶片叶尖发黄，抽穗开花期基本正常。中度干旱条件下，冬小麦部分植株中午叶片萎蔫、卷曲，失去光泽，傍晚可基本恢复正常；下部部分叶片发黄，中部叶片叶尖枯黄；后期部分穗上部或中上部小穗不孕、结实率下降。重度干旱条件下，冬小麦多数植株中午与下午叶片明显萎蔫、卷曲，浇水后可恢复正常；中下部叶片枯黄，上部叶片有 1/3 部分枯黄；田内死茎率不高于 10%，抽穗期明显推迟，后期穗下部和上部小穗不孕增多，成穗率与结实率大幅下降。特旱条件下，冬小麦植株大面积干枯、死亡，田内死茎率大于 10%，后期表现不孕小穗多，成穗率与结实率大幅下降。

冬小麦抽穗（开花）至乳熟期，轻旱条件下，冬小麦少部分上部叶片中午萎蔫，但下午可恢复正常。中度干旱条件下，冬小麦部分叶片中午萎蔫，但晚间可恢复正常；植株中下部叶片提前枯黄，灌浆期缩短；粒重也有下降。重度干旱条件下，冬小麦叶片中午至晚间萎蔫，植株大部分叶片过早枯黄，灌浆期明显缩短；粒重明显下降，植株早衰现象明显；田块内单穗穗粒数少于 10 个的小穗率占 20%~30%。特旱条件下，冬小麦植株提前枯死，结实率和粒重均严重下降，后期呈现炸芒死芒现象；田块内单穗穗粒数少于 10 个的小穗率在 30% 以上。

2. 抗旱技术 冬小麦抗旱技术可分为长期防御技术和应急减灾技术两类。

长期防御技术主要包括 9 个方面：

①选择适宜类型的品种，并适期、适量播种。旱地缺乏水资源，旱地冬小麦品种多以抗旱性为主。各地水资源不平衡，有季节性差异，因此要选择适合本地区的抗旱小麦品种。与一般小麦品种相比，抗旱小麦品种根系发达，可以吸收深层土壤水分，干旱时小麦有较强的水分补偿能力。适期、适量播种同样重要。研究表明，小麦适期、适量播种可以充分利用冬前的热量资源，培育壮苗，增强抗逆力，为提高小麦成穗率和小麦高产奠定基础。

②改良土壤，提高麦田蓄墒保墒能力。同等灌溉条件下，小麦越冬期失墒严重的地块主要是沙漏地和黏土地。因此，改良土壤是应对冬小麦越冬期气候干旱的重要措施。土壤黏重或沙漏地块，采取增施有机肥和推广秸秆还田等措施，可起到良好的改土和培肥地力的作用。土壤肥沃、有机质含量高，其吸水性、保水性、供水能力就高。

③深耕镇压，提高整地质量。小麦因旱、冻造成的死苗主要存在于秸秆还田、耕作太浅太虚、上层秸秆量大的麦田。出现此类问题的根本在于种不深、扎根浅，在越冬期气候干旱时，表面干土层深，秸秆干后变形使小麦悬空干死。因此，通过深耕、混匀、压实等综合措施减轻秸秆还田的副作用才是应对小麦越冬干旱问题的根本出路。打破犁底层，以提高土壤蓄水能力和促进小麦根系下扎。耕地必须紧跟镇压、耙耱，密实土壤，做到上虚下实。

④适时播种，提高播种质量。播种过早易形成旺苗，不但消耗土壤中的养分，而且麦苗的抗寒力也会大大降低，遇越冬期气候干旱易形成死苗。播种过晚，产量低。冬小麦播种深度

应控制在 3~5 厘米。这个深度对冬小麦安全越冬至关重要。冬小麦在播种深度适宜的情况下，其根系分布一般都在较深的湿土层，在越冬期分蘖节被湿润的土壤包被，即使遇到越冬期气候干旱一般也不会形成越冬死苗、死蘖现象。因此，适宜的播种深度和做好秸秆还田工作是小麦安全越冬的基本保障。在足底墒情况下播种小麦，由于表墒较差而底墒足，利于根系下扎，小麦会比较耐旱。

⑤冬灌浇足底墒，确保麦苗安全越冬。小麦越冬前适时冬灌是保苗安全越冬，冬季防旱、早春防低温的重要措施。冬灌还可以促进越冬期的根系发育，巩固健壮分蘖，有利于幼穗分化，并为第二年返青期保蓄水分，做到冬水春用。冬灌对小麦低温干旱年份增产作用更加明显。在冬小麦越冬之前，测量冬小麦种植区的整体墒情。对于缺墒的种植区域需要进行一定的冬灌工作以保证冬小麦能顺利、安全地越冬。在完成灌溉工作之后，需要及时进行松土工作，以防止地表因温度过低而出现龟裂的现象。墒情适宜的土壤，在越冬之前可以选择不浇水。在冬小麦返青之后，则需要把握"有水即浇、保墒为主"的策略，即通过各类抗旱和节水技术确保冬小麦获得充分的水分和养分。

⑥及早划锄镇压，实现保墒增温。划锄具有良好的保墒增温效果。在早春表层土化冻 2 厘米时顶凌划锄，拔节前划锄两遍。土壤化冻后及时镇压，镇压可压碎坷垃，破除板结，密封裂缝，土壤表土沉实，使土壤与根系密切接触，有利于养分水分的吸收，减少水分蒸发，提墒保墒。镇压和划锄相结合，先压后锄以达到上松下实、提墒保墒的作用。

⑦叶面追肥和喷施抗旱剂，增强麦株抗旱能力。叶面喷施有效磷、钾肥、硼肥，以增加细胞质浓度，增强麦株抗旱能力；喷施抗旱剂能促使小麦叶片气孔关闭，降低作物蒸腾和水

分消耗，同时增加小麦植株的水分吸持能力和增加光合作用，对小麦抗旱增产有明显的作用。

⑧因地因时，科学规划利用灌溉技术。田间节水工程，小畦灌、沟灌、膜下灌以及喷灌、滴灌等高效节水技术的科学规划与因地因时应用，有利于促进田间节水工程设施充分发挥灌溉效益，提高水资源利用效率。

⑨加强农技培训，科学进行田间管理。为提高旱地小麦产量，还须加大农技培训力度，指导农民做好科学田间管理。在病虫害防治上，要坚持"预防为主、综合防治"的原则，加强重点病虫害地区的监测，改善传统的防治手段，推广适时有效的防治措施。

应急减灾技术主要包括5个方面：

①及早浇好保苗水，确保苗壮根深。对于没浇越冬水，受旱严重，分蘖节处于干土层中，次生根长不出来或很短，出现点片黄苗或死苗的麦田，要把浇好"保苗水、促苗壮"作为田间管理的首要措施抓紧、抓好。对于因干旱严重影响小麦正常生长的地块，要抓紧浇水保苗，越早越好。对于因干旱受冻黄苗、死苗或脱肥麦田，要结合浇水施用尿素，并适量增施磷酸二铵，促进次生根发出，增加春季分蘖，提高分蘖成穗率。节水灌溉，浇后锄地保墒，可有效提高水分利用率。要注意先浇受旱受冻严重的麦田。浇水后地表墒情适宜时要及时划锄，破除板结，疏松土壤，保墒增温，促进根系和分蘖生长。

②旱地麦田早春镇压提墒，提高小麦抗旱能力。对于没有水浇条件的旱地麦田，要将镇压提墒作为春季麦田管理的重点措施。麦田镇压后，土壤中毛细管形成，深层的土壤水分沿毛细管上升至上层土壤，有利于滋润根系生长，提高小麦抗旱能力。同时，趁早春土壤返浆或下小雨后，耧施氮肥，对增加亩穗数和穗粒数、提高粒重、增加产量有突出效果。

③因地因苗，重点做好水浇麦田的分类管理。肥水管理一定要因地、因苗制宜，分类指导。对于冬前浇过越冬水的水浇麦田，春季管理可按照先管三类麦田，再管二类麦田，最后管一类麦田的顺序管理。各类麦田返青期都要镇压划锄。镇压可压碎坷垃，沉实土壤，弥封裂缝，减少水分蒸发和避免根系受旱。镇压要结合划锄进行，先压后锄。划锄能保墒、提温、消灭杂草，锄地时要锄细、锄匀，不压麦苗。

④保墒为主、有水即浇。有水源条件的地方，按照"有水即浇、保墒为主"的原则，大力推广喷灌、滴灌、"小白龙"*等抗旱节水技术，抓紧浇水抗旱保苗，加强肥水管理，重施拔节肥，巧施穗粒肥，确保小麦生理需水和养分供应，提高分蘖成穗率，增加穗粒数和粒重。没有水浇条件的麦田，落实好划锄等抗旱措施，最大限度减轻旱灾损失。

⑤及时做好化学除草，综合防治病虫害。春季是各种病虫草害多发的季节，要搞好测报工作，及早备好药剂、药械，实行综合防治。使用除草剂时，要严格按照使用浓度和技术操作规程，以免发生药害。

（四）春小麦

1. 灾害症状　从春小麦的水分生态位适宜度看，5月上中旬为水分伤害的第一个阈值点，5月下旬至6月初为水分伤害的第二个阈值点。干旱造成春小麦叶片光合速率、叶绿素荧光和叶片相对含水量下降，过早发生衰老使旗叶功能期缩短。不同生育阶段的干旱胁迫，对作物产量的影响不同。生育前期，干旱胁迫先导致小麦生长速率减慢，提前进入灌浆期，迫使作

---

* 小白龙指使用白色塑料管浇灌技术，一条条白色塑料管就像一条条"小白龙"。

物整个生育期缩短，抽穗率降低，退化小穗的比例增加，造成大幅度减产；生育后期，尤其是在开花、孕穗、抽穗、灌浆期持续缺水，会明显缩短灌浆期，作物早衰，结实小穗数减少，无效分蘖增加，穗粒数及粒重降低，最终导致收获指数和产量下降，限制产量和品质的提高。花后干旱显著降低了春小麦的幼苗长势和种子活力，其中对春小麦种子的发芽势、发芽率及种子活力的影响最明显。

2. 抗旱技术 春小麦抗旱技术主要包括 10 个方面：

①选用良种。选育和利用抗（耐）旱小麦品种，挖掘小麦本身的抗旱潜力，是解决干旱问题的一个经济有效的手段。根据具体土壤水肥条件，选用抗旱性和丰产性相对较好的品种，充分利用有限降水资源。品种选用除考虑抗旱、耐瘠、丰产、稳产、品质特性外，还应考虑品种的发育节律要和当地降水时空分布相吻合。尽量选用早熟、耐旱、穗容量大且灌浆强度大的品种。熟期早的品种可缩短后期生育时间，减少耗水量，减轻后期干旱危害程度。

②种子处理。种子要精选，要求纯度和净度高，发芽率高。播种前用防旱保水剂、种子包衣剂对种子进行抗旱处理，以提高抗旱能力。利用保水剂拌种包衣措施与常规播种相比，可提高土壤的持水性能、减少土壤水分蒸发、提高水分利用率、促进植物生长发育。保水剂施用到土壤中，不仅可以保持土壤中的灌溉水或天然降水，防止水分渗漏和流失，提高水分利用率，而且可促进土壤团聚体的形成，改善土壤孔隙结构，防止肥料、农药和水土流失，提高肥料的有效利用率。农田施用土壤保水剂能取得良好的节水增产效果，是缓解水资源短缺的一种有效途径。

③播前整地。早耕深耕，蓄水保墒。具体措施为：前作收后及时深耕灭茬，耕后不耙、立土晒垡、熟化土壤，使土壤疏

松粗糙，便于就地拦截雨水，有效接纳和保存前一年秋冬降雨，在秋末结合深施基肥再进行一次深耕，然后耙耱整平，完成土地收口工作。做到"秋雨春用，春旱秋抗"。做好蓄水保墒是春小麦抗旱增产的前提。开春后，由于气温升高，大风较多，土壤容易失墒，应及时耙耱整地保墒，减少土壤水分蒸发，整地后要及时播种。

④适期早播。春小麦是耐寒作物，当日平均气温达到0℃时，种子就开始萌动，6～8℃时发芽已很迅速。在适期范围内和保证播种质量的前提下，适期早播。早播的春小麦，播种到出苗时间长，初生根系发育好，抗旱和吸肥能力增强；早播能延长出苗到拔节的时间，分蘖成穗率高，穗分化时间相对延长，有利于形成大穗，早播可提早成熟，减轻小麦生育后期干旱等不利因素影响，并且为后茬作物的生长发育创造了有利条件，容易获得高产；早播还可利用早春的土壤墒情，提高出苗率。在适宜播种期内，尽量提早小麦播种期，对实现小麦抗旱高产是比较安全可靠的。

⑤合理密植。合理密植是小麦高产栽培的重要环节。由于春小麦生育期短，分蘖力弱，分蘖成穗率低。所以，应采取高播量获得高密度，依靠主茎成穗，获得高产。

⑥科学施肥。春小麦是需肥较多的作物。由于春小麦生育期短，早春气温低，基肥应早施、多施，并以腐熟的有机肥为主，化肥为辅，氮、磷肥配施。根据小麦的需肥规律，优化配方施肥，有助于缓减干旱胁迫对小麦产量的影响。基肥在秋耕时施入。如果受肥源限制，农家肥少，也可采取氮、磷肥配合施用措施，做到以磷保氮，以氮促磷。旱地适当提高磷肥使用量，对增根发蘖、增加植株抗旱能力、促进灌浆期养分向籽粒的转运效果明显。抓好拔节灌浆期水肥管理，建立合理的群体结构，施用有机肥。

⑦镇压划锄。旱地麦田由于没有水浇条件，抗旱要以提墒保墒为主。随着气温逐渐升高，旱地麦田要抓紧镇压，弥封裂缝，沉实土壤，提墒保墒，促进根系发育，以提高小麦自身的抗旱能力。播种后及时镇压可以将地下墒提到播种层，有利于出苗。无论是旱地还是水浇地麦田，镇压后要及时划锄，以更好地保墒、增温、抗旱。

⑧合理灌水。春小麦是需水较多的作物，灌水是一项重要的增产措施。要根据春小麦的生长情况和降水量进行合理灌水。为保证春麦及时出苗和幼苗时土壤墒情，采取冬灌的办法，蓄足土壤墒情。冬灌相比春灌或浇蒙头水可提早出苗，出苗整齐。小麦拔节期、乳熟期、灌浆期的合理灌水，可提高水肥利用率，保持叶片含水量，加快作物生长速率，可增强抗旱性。

⑨推行覆盖保墒栽培技术。深耕等技术虽对接纳伏天雨水有利，但裸露的土壤加大了蒸发耗水，耗水量几乎占到同期自然降水的50％左右，遇到旱年可达60％～150％，因而常常导致土壤水分积蓄不足，底墒得不到恢复，表墒严重干涸，致使小麦播种、出苗困难。小麦覆盖保墒栽培技术主要包括地膜覆盖、秸秆覆盖、草肥覆盖3种方式，各种覆盖法都较传统露地种植显著保墒增产。地膜覆盖虽然存在残膜污染问题，但仍是使旱地春小麦增产幅度最大的技术。地膜覆盖通过改善耕层土壤生态环境条件，即通过改善水、热状况，活化土壤养分，可提高水分和养分利用效率，实现抗旱。由于地膜覆盖在土壤表面设置了一层不透气的物理阻隔，土壤水分垂直蒸发直接受阻，蒸发速度相对减缓，总蒸发量大幅度下降，耕层土壤含水量增加。同时，由于覆膜增加了作物根系生长深度，有利于作物对深层土壤水分的利用。

⑩喷施叶面肥。喷施叶面肥是减缓干旱的一种有效的农艺

措施。小麦生育后期根系吸收能力减弱，叶面追肥可延长小麦叶片功能期，提高光合作用，减轻干旱带来的危害。叶面肥能及时补充作物所需养分，增强作物的抗逆性，防止早衰，提高产量及品质，一定程度上能减少土壤养分的固定损失，具有作用强、吸收快、用量省、易操作等优点。适量喷施生长延缓剂及抗蒸腾剂，可减少蒸腾作用、增加叶片相对含水量、促进根系发育、增大根冠比、增强根系对水和矿物质的吸收能力，为地上部分补充更多水分及养分，缓解干旱减产。

（五）水稻

1. 灾害症状　水稻旱害指水稻生长发育期间由于水分来源断绝，稻田缺水受旱所致造成的气象灾害。水稻遇干旱时，叶片会发生一系列的变化，新生长的叶片和扩增中的叶片都容易卷叶，导致叶面积减小，叶面积系数下降。遭受旱害的水稻在干旱初期叶尖凋萎下垂，夜间恢复原状，但继续缺水时，稻叶白天凋萎，夜间不能恢复，最后稻株逐渐变成黑褐色，直至死亡；遭受旱害未到枯死程度的水稻植株短小，分蘖极少，出穗晚，并且穗小，谷粒细瘦，成熟不良。一般受旱害的水稻，生育期显著延长，抽穗很不整齐，植株矮小，分蘖极少，开花授粉不正常，秕谷大增，最后收获时受旱害的水稻轻者减产，重者则颗粒无收。水稻整个生育期都有可能发生干旱，但不同生育阶段对干旱胁迫的敏感程度不同。苗期主要是生长受到抑制，干旱对苗高和叶长的影响最大。分蘖期是决定穗数的关键时期，其间受土壤含水量的影响最大；当土壤含水量下降出现干旱胁迫时，对穗数影响最大，分蘖及有效穗降低，抽穗率也受到一定的影响。水稻生殖生长期对水分最为敏感，干旱会造成大量颖花败育、空粒数增加，产量受到显著影响。在整个灌浆结实期间，干旱胁迫使稻米垩白粒率提高，胶稠度变硬，蒸煮食味品质变差，米质变劣，水稻品质显著降低。干旱胁迫对水稻生理生化的影响主要表现在两个方面：一是影响叶片正常的光合作用与呼吸作用，抑制水稻生长；二是膜脂过氧化，细胞物质代谢紊乱。

2. 抗旱技术　水稻抗旱技术可分为长期防御技术和应急减灾技术两类。

长期防御技术主要包括 9 个方面：

①优选品种，做好种子处理。选用抗旱品种。不同品种的水稻抗旱性能力差别很大，从节水栽培的角度考虑，在生产中选用抗旱品种，利于节约水资源，杂交水稻组合抗旱能力优于常规稻，因此株型紧凑、分蘖力强、根系发达、抗逆性强、熟期适宜的杂交稻品种是首选。播种前先晒种、浸种、包衣备播。

②精细整地，做到旱育壮秧。前茬作物收获后及时整地施肥，可用旋耕机灭茬旋耕，也可以先进行耕翻再旋平耙细，达到土肥相融、田面平整，以利于出全苗，提高出苗率。同时，培育壮秧，这是节水高产的关键，健壮的秧苗，发根力、抗旱力强。旱育秧作为水稻节水的重要措施，也是培育壮秧最好的育苗方式，通过旱育秧可提高秧苗抗旱能力，有效增加秧苗干物质含量。旱育秧主要采用钵盘旱育技术，较常规薄膜育秧节约用水 50% 以上。

③实施"三旱"整地作业，实现节水栽培。整地泡田是水田用水量较大的作业。"三旱"整地即旱耙地、旱起埂和旱整平，是稻田综合节水灌溉栽培行之有效的重要措施之一。整地质量提高才能达到节水目的，以旋耕、条耕技术为主，为便于节水灌溉应旱整地，以做到"高低不差寸，寸水不露泥"，田块经过"三旱"整地，田面平整，土块细碎，泡田水层浅，更便于集中放水、集中泡田、集中插秧。泡田水层比常规泡田水

耙地减少水层深 2/3 左右。

④插秧期管理，强化秧后本田水层管理。在"三旱"整地的基础上，特别是在春旱缺水严重时，插秧期要采取边放水泡田、边整平、边插秧的过水插秧方法，节省泡田水和插秧水。插秧要合理稀植，采用大垄双行超稀植或单行超稀植，利于秧苗分蘖早生快发。水稻插秧后，进入本田管理阶段，此期是水稻节水栽培的中心环节，稻区水层管理主要实行浅、湿、干交替节水灌溉，即浅水灌溉与湿润反复交替。浅、湿、干交替节水灌溉是北方一季粳稻多年来总结出的行之有效的高产灌溉制度模式。

⑤合理施肥，适当控氮。坚持平衡施肥，适当控氮，增加磷、钾、钙、锌及其他微量元素。根据节水灌溉栽培的特点，按照水稻需肥规律采用"以水带肥"的方法，可提高肥料利用率，减少化肥流失和挥发，利于水稻根系吸收。按水稻生育时段，在田间无水层情况下，将化肥撒于田里，然后缓慢地灌水，化肥溶解下渗到水稻根层。

⑥防除杂草，适期收获。节水栽培条件下的稻田非常有利于一些旱生杂草和半旱生杂草迅速生长，应该及时防除杂草。同时，当田间稻穗有 85%～90% 黄熟时，应该抢晴收割，不宜偏晚，以免遇连阴雨天气，植株枯萎倒伏影响收割。

⑦建立水稻旱情监测预警系统，实现旱情动态监测、预测。围绕旱情基本数据库的更新补充、系统模型的改进优化和模型参数的率定、区域旱情评价指标的核定等内容，逐步完善水稻旱情监测、预测系统，不断提高系统分析成果的可靠性和准确性，在遭遇干旱时，能够通过系统实现实时旱情监测和旱情预测。

⑧推广节水栽培技术，确保孕穗期水层。要大力推广节水技术措施，有效减轻干旱对水稻生长发育的影响。实行覆盖栽

培，寄秧措施，湿润灌溉。但孕穗期必须建立水层，防止干旱缺水引起大量颖花败育，影响产量和品质。

⑨加强灌溉水源管理，强化计划调度。要积极开辟水源，尽可能统一组织抽回流水和提灌机械，利用江河湖泊和地下水，缓解水库蓄水量不足的难题。对远离水源地块，及时打补水井，以备干旱严重季节安全供水。要加强对现有水资源管理和输水干渠的清理、修复和覆膜防渗防漏。要科学调配水源，有计划供水。

应急减灾技术主要包括 4 个方面：

①实行旱情分类指导，科学运用节水技术。根据不同旱情，分类指导。对处于轻度干旱的地区，即储有农田用水量能够满足水稻整田和栽秧水 30%～50% 的地块，主要采用旱育秧方式育秧，整田时尽量减少泡田用水，采取薄水浅插，移栽后选择节水灌溉，确保水稻高产、稳产。对处于中度干旱的地区，即储有农田用水量能够满足水稻整田和栽秧水 10%～30% 的地块，采用旱育秧方式育秧，适当晚插，也可选择覆膜移栽技术，减少土壤中水分的损失，争取稳住水稻的种植面积，确保水稻稳产。对干旱严重的地区，即储有农田用水量不能满足水稻整田使用，完全没有灌溉条件的地方，建议提早做好改种玉米、马铃薯、大豆等旱粮作物的准备，用旱作的增产来弥补水稻减产带来的损失。

②扩大育秧面积，多育救灾苗。在干旱缺水的情况下，育足、备足水稻秧苗是成功抗旱，获得丰收的关键。各地农业、农技推广部门要早做准备，一是要动员广大农户充分利用菜地、蔬菜大棚设施和有水源的旱地扩大水稻育秧面积，大力推广旱育秧技术；二是开展集中育秧，育足、备足水稻抗旱用苗；三是要认真分析当地的温热条件、适当推迟育秧时间，或分段育秧，以确保满栽满插的需要；四是在无水育秧地区，要

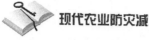

算好水稻面积和移栽节令，组织开展异地育秧，育足、育好应急秧苗，以备降水后能及时移栽。

③开辟水源，确保播种。在蓄水严重不足，处于干旱的情况下，一是加速维修堤灌设施，保证正常运转；二是积极开辟水源，即提取江河水、拦截地面水、挖掘地下水、用好工程水等，以缓解水库蓄水量不足的矛盾；三是强化对现有水源的统一管理、统一调度、统一分配，做到计划用水、科学用水、节约用水。总之，要千方百计利用一切可利用水源，保证水稻适期播种。

④外源喷施抗旱剂，减缓干旱影响。抗旱剂具有使作物气孔开张度缩小、抑制蒸腾、增加叶绿素含量、提高根系活力、减缓土壤水分消耗等功能和作用，从而增强作物的抗旱能力。

三、油料作物抗旱技术

(一) 大豆

1. 灾害症状　大豆是耗水量较大的作物，水分亏缺会影响大豆正常生长发育及产量。萌发期土壤水分不足，致使种子活力降低，萌发初始时间推迟，直接导致发芽率下降，出现缺苗断垄，种苗生长缓慢。苗期干旱影响根系总长和表面积等根系性状，导致植株变矮、萎蔫、生长缓慢。大豆植株在干旱的影响下，营养生长向生殖生长的转化较早，花和荚形成加速，特别是生殖生长期缩短，鼓粒期和籽粒败育的终止期到来较早。鼓粒期若受旱，种子成熟期明显缩短，并导致早衰。开花期、结荚期和鼓粒期供水不足，使大豆株高降低，主茎节数、单株荚数、单株粒数减少，花、荚大量脱落，百粒重降低，经济产量和收获指数降低。

我国三个大豆生态区的大豆生长期间均会遭遇不同程度的

干旱，北方常遇春旱、黄淮海地区常遇伏旱、南方常遇伏旱和秋旱。大豆生产中，干旱造成的减产大于其他自然灾害的总和。在绝大多数年份，大豆生产都处于相对干旱胁迫条件之下，正常的丰产潜力难以得到呈现。

2. 抗旱技术　大豆抗旱技术主要包括7个方面：

①选择优质抗旱品种，适时播种。培育和筛选抗干旱的大豆品种，选择抗旱性能高的优质品种，充分利用良种避旱或抗旱特性（图2）。在进行大豆品种的选择时，需要对种植地区的土壤情况和降水情况进行全面分析，根据气候特点和发展规律，针对性地选择适合当地种植的大豆品种。充分利用好当地抗旱、耐旱的骨干品种，确保稳产。选择生态适应、抗旱性符合当地水分胁迫要求的高产品种，是最经济有效的措施，能保证大豆的产量和经济效益。

图 2　筛选抗干旱大豆

②深耕蓄水保墒，促进大豆根系发育。深耕深松，以土蓄水，打破犁底层（图3）。加厚活土层，提高土壤透水性，减少地面径流，形成土壤水库，提升土壤的蓄水量。加厚活土层能够有效促进大豆根系的发育，扩大吸收水分的能力。抗旱大

豆生长的前期主要体现于根部的发育，通过具有深而广的贮水性及调水性能，对后期的干旱具有较强的补水能力。加厚活土层还有利于提升土壤的节水性能，提高土壤水分利用率，使大豆能够更好地应对干旱气候。

图3　深耕松土

③合理灌溉，缓解干旱。灌溉是缓解旱灾的有效手段，能够为农作物及时供水，缓解干旱情况。灌水时，要坚持节水原则，可以采用微灌、喷灌等方式。灌溉时间主要集中在播种前期、大豆开花拔节期和大豆鼓粒期三个阶段。特别是，在遇到极端天气时，可以适当增加灌溉量，避免大豆作物减产。

④合理施用有机肥与无机肥，科学规划施肥时间和施肥量。科学施肥（图4），以肥调水，养分充足的地块，能促进作物根系下扎的能力，提高根系吸收水分、养分的能力，较好地利用土壤深层次的水分（图4）。培肥地力是抗旱增产的重要措施。在大豆田地上，施用有机肥，能够降低用水量50%左右，在有机肥不足的地方，要积极推行秸秆还田，提升土壤的抗旱能力。有机肥料与无机肥料相结合是抗旱的基础，施肥

后植物代谢作用旺盛，根系发达，增强抗旱能力。多施有机肥，巧施氮肥，合理调节氮、磷、钾的比例。适量施入钾肥可以提高大豆叶片保护酶活性，并且在轻度和中度干旱条件下产量构成因素和大豆产量随着施钾量的增加而增加，但在重度胁迫下施钾无增产作用。要科学规划施肥时间和施肥量：一是施用基肥。播种时，施有机肥，有机肥需要与化肥进行充分拌合之后再进行施用。二是追肥。在大豆开花之前根据大豆的实际生长情况进行根际追肥。三是花荚期叶面追肥。采用喷施的方式对大豆进行叶面追肥。

图4 科学施肥

⑤适度趟地，覆盖保墒。进入夏旱时期，大豆开花结荚，要适当进行趟地，减少作业次数，特别是整个垄沟过深时不要耕种，避免水分过度蒸发及大豆根系受到损害，保障土壤蓄水量和大豆本身的抗旱能力。同时，利用薄膜或者秸秆，铺盖在大豆田地上，能够避免水分蒸发过快，提高土壤含水量，以此来达到事半功倍的保墒作用，提高大豆产量。覆膜后，不但可提高化肥利用率，还可保持适宜的水分和温度，抑制大豆苗期杂草的生长，最终使大豆产量和品质得到提高。大豆行间覆

膜＋垄沟深松与大垄密植＋垄沟深松的耗水量少、土壤容重低，水分利用率高。

⑥科学使用化学抗旱技术，提高大豆抗旱能力。化学抗旱技术已广泛用于土壤处理、种子处理、幼苗处理和植株处理。干旱胁迫下，利用抗旱拌种剂、化控种衣剂、保水剂等能够提高大豆种子的发芽率、出苗率和植株的生长速度，促进幼苗根系生长，增加植株单株根瘤数、根冠比；同时能够提高叶绿素和可溶性糖含量，降低脯氨酸含量，提高植株的保水能力；对大豆叶片中保护酶活性的提高有一定的促进作用，增加叶片的净光合速率，进而提高大豆幼苗的抗旱性。适时使用微量有利于作物生长发育和对产量与品质有提高效应的植物生长调节剂浸种、拌种和叶面喷施。在大豆开花期，干旱胁迫条件下，叶面喷施不同浓度的植物外源激素（脱落酸、油菜素内酯），能增强大豆的抗旱能力，使其正常生长。化学抗旱技术，通过调控作物自身的抗旱性或者富集改善作物根系微环境的水分状况，能够缓解土壤与大气干旱对作物的胁迫，发挥其保苗、抗旱、增产的功能，不但效果明显，而且施用方便，不需要过多的人力、物力投入，只需要简单的种子处理或者叶面喷施。

⑦提升旱情预报、预防能力，适期收获。利用科技手段对干旱进行预报，提升对于干旱研究、监测、预报及报警的能力，使人们能够对灾情有提前预知和防范。建立起相对完善的旱情分析系统和抗旱统计的信息系统，通过利用先进、科学的气象卫星遥感遥测技术，与地面土壤监测网的资料进行结合，及时对土壤状况进行分析及模拟，加强对旱情的掌控能力，从而将干旱造成的影响降至最低。同时，大豆落叶基本上达到90％以上时，可以采用人工收获的方式进行收获，或者等到大豆叶片全部脱落、豆粒饱满之后借助机械设

备进行收获。为减少大豆产量的损失，一般在清晨有露水的时间段收割和装车。

（二）油菜

1. 灾害症状 油菜是我国重要的油料作物，同时又是需水量较多、耐旱性较差的作物。油菜的抗旱性在不同品种之间有较大差异。干旱对油菜产量的影响取决于干旱发生的时期以及干旱持续的时间。油菜苗期耗水量较小，但是如果此期缺水，不仅会抑制其叶片与根系的生长，影响到油菜壮苗的培育与安全越冬，而且花芽分化和花瓣数也会受到影响，最终造成减产。蕾薹期是油菜营养生长旺盛、生殖生长由弱转强的时期，同时也是对水分相对敏感的时期，此期缺水直接影响到油菜后期的生长及产量的形成。初花期干旱影响油菜的主要农艺性状和产量，表现为敏感型品种的株高、一次分枝数、相对分枝高、主花序长、主花序角果数、角果长、单株角果数、角果粒数和单株产量均显著下降。干旱所带来的气温升高也会影响油菜的产量和品质，导致冬油菜出现早花和早薹现象，降低油菜抵抗外界不良环境条件的能力。长江流域是我国冬油菜主要分布区，占到全国油菜总量的85％左右，该区虽然降雨充沛，但全年降水分配不均，在播种、越冬及开花结实等时期常有季节性的干旱发生，主要是秋季干旱和春季干旱。秋季干旱正值油菜苗期，春季干旱又是油菜生殖生长时期，导致秋播或春播油菜出苗慢而不齐，叶片发育缓慢，植株矮小，影响油菜秋发或春发作用，使得油菜生长受阻，给油菜生产造成巨大损失。

2. 抗旱技术 油菜抗旱技术主要包括7个方面：

①选择优良品种，提高抗旱能力。解决油菜干旱问题最经济、有效的手段就是培育油菜抗旱新品种。抗旱品种具有较强的干旱耐受能力，可以减轻干旱造成的产量损失。根据当地的

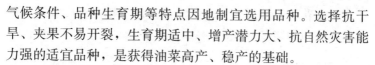

气候条件、品种生育期等特点因地制宜选用品种。选择抗干旱、夹果不易开裂、生育期适中、增产潜力大、抗自然灾害能力强的适宜品种，是获得油菜高产、稳产的基础。

②选茬整地，蓄水保墒。前茬最好选择豆类、麦类或马铃薯，其次为玉米，避免重茬。在前茬作物收获后，以蓄水保墒为中心耕翻灭茬，集雨纳墒，通过深翻、耙耱、镇压等措施达到土层深松、平整、紧实，墒情充足，以提高施肥、覆膜播种质量。

③科学配方施肥，提高抗旱能力。油菜是需肥多，耐肥性强的作物。在整个生育期中，吸收的氮最多，其次为钾，再次为磷。根据油菜的需肥特点，结合整地施优质农家肥和化肥。

④铺膜覆土，科学抢墒。在油菜播前，尽量做到抢墒铺膜，使地膜紧贴地面，膜面要平整。在膜上覆一层薄土，覆土厚度以1厘米左右为宜。覆土过薄，压膜不实，容易造成播种孔错位、大风揭膜。覆土过厚，播种孔遇雨易板结，不利于出苗。

⑤选好种子，适时播种。播前要选好种子，晒种、拌种、适期播种、合理密植。冬油菜一般在8月中旬播种，最迟于8月底前完成播种。春油菜在春天土壤解冻后，日平均气温稳定在3℃以上，地温和土壤湿度达到可耕程度时播种，一般在3月上、中旬播种，最迟于3月下旬完成播种。做到下籽均匀，深浅一致。油菜的分枝能力较强，根据品种、土地、肥力不同，密度应有所差异。但要注意合理密植，其密植原则是以油菜抽薹期叶片要盖严地面、叶面指数1.5～2.1为宜。

⑥适时施肥，做好田间管理。间苗定苗，保护幼苗，促进春发。冬油菜春季生长较快，是需肥的重要时期。及时合理追施蕾薹肥可缓解冬油菜春季生长干旱，促进早发快长，形成有效分枝、提早花芽分化、增加分枝花序。基肥没有施用硼肥的

田块，要在蕾薹期喷施硼砂液体肥，防止油菜"花而不实"，提高产量与含油率。中耕除草，疏松土壤结构，改善土壤理化性状，提升耕层土温，减少水分蒸发，有利于保墒，促进油菜生长。花期追肥，油菜始花后仍需要大量营养，追施花肥是油菜后期增产的重要措施。施用花肥要根据苗情长势、耕地肥力等条件而定。油菜受到环境胁迫后，根区施肥往往不能发挥良好的抗灾减灾效果。叶面施肥能够弥补根系吸收养分的不足，起到迅速补充营养、充分发挥肥效和增强作物抵抗逆境能力的效果。随时关注天气预报，灌溉抗旱。移栽或直播田块在秋旱发生时可沟灌抗旱，但切忌漫灌，否则会导致土壤板结，移栽油菜发根困难，直播油菜出苗率下降。在灌溉后浅锄松土除草，以防止板结和保蓄水分。

⑦及时收获，确保收成。冬、春油菜都应在全田 70%～80% 的植株黄熟，角果颜色呈现黄绿色，角果内种皮处于变色阶段收割，晾晒干后及时打碾，确保收成。

四、其他作物抗旱技术

（一）蔬菜

1. 灾害症状 干旱易造成蔬菜植株瘦小、叶片萎缩、根系小、根量少、新生根不足、生长缓慢等现象，特别是露地蔬菜长势较差，严重影响蔬菜的产量和品质。持续干旱极易造成蔬菜害虫的繁殖与发生。

2. 抗旱技术 蔬菜抗旱技术主要包括 7 个方面：

①科学覆盖，蓄水保墒。可利用遮阳网和防虫网的遮阳、降温、防虫、保湿等功能，对蔬菜进行覆盖，以达到提高出苗率、生长迅速、抗病虫、商品性好的目的。对于微喷、滴灌等设施，应根据蔬菜品种不同，铺设喷灌设施，因地制宜利用微

型蓄水池进行微蓄微灌。也可利用秸秆、杂草等切割后均匀地覆盖在蔬菜行间，可防止强光照射，以降低土温和减少土壤水分蒸发，从而达到蓄水保墒。

②科学施肥，提高蔬菜产量。田间管理受旱情的影响，大部分蔬菜都存在脱肥现象，蔬菜生长极为缓慢，有的甚至停止生长。可采取施薄肥、施速效肥和增加施肥次数，或采取叶面追肥等办法，加强追肥管理，提高蔬菜产量。

③加强中耕保墒，增强抗旱能力。降雨或浇水后应及时中耕松土，切断土壤表层毛细管，抑制土壤水分蒸发，保持土壤水分，增强蔬菜抗旱能力，同时可铲除蔬菜周围杂草，防止杂草与蔬菜争夺肥水。

④加强节水管理，确保蔬菜正常生长。早晨和傍晚浇水灌溉，能有效改善田间小气候和土壤墒情。水分管理要特别注意适时适量，最好是傍晚放水沟灌，水不漫畦，速灌速排；采用膜下滴灌栽培的蔬菜，适当增加滴灌时间。根据蔬菜苗情加强田间管理，苗情较好的田块，要尽量促进蔬菜正常生长，可以通过整枝、剪去老叶等措施改善田间通风条件；田间地表松土对促进根系生长、减少土壤水分蒸发具有重要作用。

⑤科学选种蔬菜，抢播速生叶菜。种植速生叶菜的农户，针对持续高温干旱，可以抓紧时间清洁田园，分批抢播耐热小白菜、耐热菠菜、耐热生菜等速生叶菜，增加高温季节的市场供应。夏季速生叶菜，生长期一般在30天以内，很多地方在夏季气象灾害过后会及时播种速生叶菜，保障蔬菜供应，没有夏季速生叶菜种植经验的农户，不要盲目抢播速生叶菜，以防面积过大，集中上市时菜贱伤农。

⑥抓好抗旱育苗，做到科学管理。重点实施抗旱育苗和抗旱保苗，保证育苗供水，满足幼苗正常生长对水分的需求，以

培育健壮苗，保证有足量的菜苗供下一季大田栽植。可采用大棚、地膜、遮阳网覆盖等措施保温保湿育苗。正在育苗或准备移栽的蔬菜作物，要根据苗情及时做好补救工作。加强苗床水分和湿度管理，床面要相对干燥，根系要保持适宜的水分。苗床高于地面的育苗方式，在苗床偏干后，傍晚浇足水，早晨在苗床撒干土（或晒干的育苗基质），不宜经常浇水，要适当控制苗床湿度，预防徒长和病害发生。需要补肥的苗床，可以结合浇水同时进行，氮、磷、钾肥配合施用。待天气正常后定植，尽量做到带土定植。

⑦加强病虫害综合防治，做到对症下药。高温干旱天气，蚜虫、斜纹夜蛾、潜叶蝇和黄瓜霜霉病、豇豆锈病等多种病虫害发生明显加重，要做到早发现、早防治。应用防虫网、粘虫板、杀虫灯、性引诱剂等物理措施，同时加强土壤消毒、整枝打杈、摘除病老叶等田间管理。在药剂防治上，根据不同病虫害选择高效、低毒、低残留农药，做到对症下药。

（二）棉花

1. 灾害症状　干旱胁迫下棉花地上部营养体变小、营养吸收前中期比例大、发育提早。干旱胁迫使绿叶面积、叶日积量减少、光合速率降低，使株高降低，果枝数、果节数、铃数减少，铃期变短，脱落增加，进而影响产量形成。供水不足对棉花生长发育及产量的影响程度由大到小依次为：现蕾期、花铃期、吐絮期和苗期，蕾期和花铃期连续受旱对棉花生长发育影响最大。盛蕾期和初花期是棉株营养生长旺盛时期，受旱减产的主要原因是单株成铃数减少。棉花花粉发育受阻，不能形成正常花粉，造成棉株中下部蕾铃脱落增加；同时，棉花因蒸腾作用加大，水分供需失调，叶片出现萎蔫，棉株生长发育受阻，蕾铃脱落加剧，对棉花的产量、品质影响非常大。盛铃期和始絮期的干旱胁迫则加速棉叶衰老、叶片功能期缩短，减少了光合产物供应，受旱减产主要是铃重下降较多所致。

黄河流域和西北内陆的棉区主要为春旱和初夏旱，长江流域为伏旱和秋旱。夏旱和伏旱对棉花的危害常包括高温热害和干旱危害。7～8月日照充足，太阳辐射强度大，气温高，常常伴随着干旱，此时正值棉花开花结铃期，持续高温干旱对棉花产量及其品质具有不利影响。开花结铃期的伏旱，在日平均温度25～30℃，天气晴朗，风力2～3级，土壤湿度18%～24%的环境下，对棉花开花受粉最有利。而高温干旱会影响开花结铃。日平均温度在35℃以上，部分花药不能开裂，不会发芽，自然成铃率不高，花朵和幼铃脱落增加。棉株在花铃期生长最盛，棉田全部封行，需水量占全生育期的50%～60%，如土壤湿度小于17%，则会抑制棉株生长，小于15%会造成花铃大量脱落；如果高温干旱持续不断还会诱发棉铃虫和红蜘蛛的灾情暴发。

棉花对干旱非常敏感，在没有出现萎蔫前，棉株代谢和生长已发生变化，在形态上已有表现，在生产过程中应根据棉花出现严重旱情前的多种变化及时灌水抗旱。棉田是否需灌水抗旱，可根据花位、叶位、顶节、花蕾、叶片与叶柄、叶色等指标确定。一是花位诊断。棉株第一果节位开花果枝与顶端果枝距离不到8台时，土壤水分不足，应及时补水；距离不到7台时，土壤严重缺水，应迅速补水。二是叶位诊断。棉花顶部4片叶对肥水的反应比较敏感，花铃期缺水棉株顶芽生长及顶心伸展趋缓，顶部叶片的叶柄变短，排列顺序为2-1-3-4或2-1-4-3，俗称"冒尖"。三是顶节诊断。棉花缺水时，节间生长缓慢，节间缩短，甚至有不同程度的扭曲，主茎顶端明显变细，红茎比例增加。四是花蕾诊断。缺水棉株，蕾铃脱落增加，倒数第一台果枝上出现大小蕾现象，顶部叶片未伸展时蕾已明显可见。五是叶片与叶柄诊断。顶部 4 叶的大小与叶柄的长短能反映棉花生长情况，倒 4 叶比倒 5 叶小、叶柄缩短时棉株缺水，生长受抑制。六是叶色诊断。未进行化控时，棉花叶片变厚呈暗绿色，无光泽，在中午时出现萎蔫，表明棉株缺水。从外观上观察，一般轻度干旱，棉花中午时叶片萎蔫，下午 4 时后，叶片逐渐恢复正常。重度干旱，可从棉花外观上判断，棉花株高生长、节间伸长缓慢，新叶叶片扩展缓慢、叶色浓绿，中下部叶片发黄甚至脱落，叶片萎蔫失去向光性，蕾花、幼铃等大量脱落。红茎高度达株高的 90% 以上，花位迅速上升，土壤表层龟裂，表土飞尘等。棉花在受旱时，从叶片上看，主要看上部 1～3 片棉叶，若出现深绿带暗或晴天中午有萎蔫下垂似猪耳朵，表明严重受旱。棉花花铃期遇旱指标为 10 天左右不下雨，棉田 20～40 厘米土层土壤含水量低于田间最大持水量的 60% 时，应立即浇水，切不可因地表潮湿假象而耽误浇水。棉花是否受旱，该不该浇水，最简单的方法是看果枝能否长出新蕾。

2. 抗旱技术 棉花抗旱技术可分为长期防御技术和应急减灾技术两类。

长期防御技术主要包括 6 个方面：

①合理布局，选用抗旱品种。分析了解当地高温干旱灾害发生的时空分布规律，调整棉花种植布局；干旱严重、灌溉设施差的地区，不适宜种植棉花。同时，选用抗旱品种。多旱区选择小株体，选择适宜的耐高温干旱品种。早熟性好、鸡脚叶、茸毛多、叶片厚、叶色绿、叶皱褶好、根系发达、侧根多的品种一般表现为抗旱性好。通过晒种，快速解除休眠，提升种子出苗率；播期干旱时，棉种可采取浸种催芽处理；待播种

子可选用种衣剂包衣处理，提高棉种出苗率及棉苗的耐盐抗旱能力。培育壮苗，合理密植，适时移栽。

②整地保墒，抗旱播种。秋季利用大型犁翻机械，配合秸秆还田，打破犁底层，增加土壤的通透性和保水性；冬春季，蓄纳雨雪，提高土壤保水量。土壤中施用新型抗旱保水剂，可吸收和保持土壤水分，减少土壤水分蒸发，协调耕层土壤水、肥条件，使棉花能充分吸收利用有限的水分，满足生长发育的水分需求。同时，如遇春季严重干旱，采用点水平作、沟播集雨等播种方式，保障棉花正常出苗，减缓棉苗所受干旱胁迫，抗旱保苗。

③覆盖保墒，加强栽培管理。采用秸秆覆盖、秸秆粉碎还田或者地膜覆盖等措施，可有效提高土壤保墒能力（图5）。同时，加强栽培管理，合理进行肥水、病虫草害防治、整枝等管理措施，特别是增施有机肥，搭好丰产架子，做到壮而不旺、健而不衰，提高棉花抗逆性。

图 5 覆盖地膜

④科学中耕，培土保墒。增加中耕次数，进行中耕松土；同时，通过培土，减少土壤蒸发，增大水的渗透量，减少水分

浪费。

⑤建防护林,兴修水利。棉田集中连片,种植面积大于100公顷的地段,可建造农田防护林,改善农田小气候环境,削弱风速;高温干旱季节可提高空气湿度,降低棉花冠层温度,减少地面蒸发;汛期还可减小径流,防止水土流失。同时,兴修水利,发展排灌设施,增强地力,努力提高科学植棉水平。有条件的棉区可配备喷灌、滴灌设施,达到节水和降温的作用。

⑥预测预报,科学防御。对棉花病、虫、暴雨、台风、高温干旱等灾害进行科学预测,发布灾前预警、灾后减灾技术;及时了解灾害变化规律,做好防灾减灾技术措施。

应急减灾技术主要包括6个方面:

①因地制宜,引水抗旱。因地制宜采取滴灌、喷灌、引水等措施进行抗旱。抗旱要达到较好的效果,必须以土壤含水量为依据,以棉株的生长形态及气象指标为参考。既要防止贻误抗旱时机,造成棉株受旱加重;又要防止盲目灌水,造成抗旱降雨重叠,影响抗旱效果甚至造成棉田积水受涝或受渍等现象发生。当棉株叶片出现暗绿、中午顶叶略萎蔫时,及时在早晚进行灌水,要沟灌、速灌,忌漫灌。有条件的地方可采用喷灌或滴灌。灌水后加强田间管理,及时松土破板,待适宜锄头劳作时,及时中耕松土,起垄培蔸,并进行盖草,减少土壤水分蒸发。

②及时追肥,以防为主。科学追施肥料,灾前可提高棉花抗逆性,灾后可满足棉花恢复与生长需要。高温干旱期间,应及时抓住有利时机追施花铃肥或盖顶肥,追肥以速效肥料为主。采用叶面喷肥,结合防病治虫,以补肥调节棉花生长,防止因干旱缺水和地下水供应不足引起的肥水失调而导致棉花早衰。在适宜施肥期间,如遇降雨,雨后及时沟

施，防止后期干旱导致土壤板结，加大施肥难度，影响肥料吸收效果。

③雨后中耕，覆盖保水。高温干旱期间，如遇雷阵雨，雨后应及时进行中耕松土，利用稻草、秸秆等覆盖地面，达到切断土壤毛细管、减少土壤蒸发的目的。

④加强棉田管理，推迟化控或减量化控。应加强整枝，适时打顶，去除边心、赘芽等，清除黄叶、病叶，减少水分和养分消耗。同时，因干旱棉株营养生长受限，化控要根据棉株长势适当推迟或适当减量。叶面喷洒高分子膜、保水剂、鸡蛋清等节水生化制剂可防止生物大量蒸腾耗水，在不影响光合物质积累的情况下，达到节水的目的。

⑤科学分沟，非充分灌溉。所谓分沟，非充分灌溉，一般指在棉田缺水的情况下，分沟先灌溉棉花根系一侧，根据天气情况再灌另一侧，这样可有效降低灌水量。充分发挥作物的生理吸水功能，达到增加光合产物、降低蒸腾速率、节水的目的。

⑥人工影响天气，实现防灾减灾。有条件的受旱地区，应抓住一切有利天气，积极开展人工增雨作业，最大限度地降低干旱灾害的损失。

(三) 烟草

1. 灾害症状　我国的烟草产地分布十分广泛，烟草产量丰富，在国际烟草市场上也占有十分重要的地位，超过 1/3 的烟草产品都出于我们国家。

我国大多数烟区位于干旱、半干旱地区，这些地区往往土层较薄，土壤深层水分利用余地不大，而且完全解决灌溉又非常困难，导致干旱灾害具有普遍性、季节性和持续性。譬如，西南烟区多春旱和伏旱；黄淮烟区易出现春夏连旱；华南烟区虽然降水总量丰沛，但因季节分布不均，春、夏、秋也常有旱情；东北烟区常以春旱和春夏连旱为主。各时期下烟草生长所需水分条件不同，因此其干旱胁迫所处阈值范围也不同。研究表明，团棵期、旺长期、现蕾期、成熟期不同生育期下，烟草生长的最适土壤相对含水量分别为65%、80%、80%和65%，严重干旱胁迫导致烟株生长发育受阻，烟草各器官干物质累积量明显降低，株高降低、叶片小、根系发育不良，其中以旺长期干旱对烟株的危害最大，这是因为旺长期烟株生长快，耗水量最大，此时缺水对烟草危害最大；其次是成熟期，伸根期影响最小。干旱胁迫下烟草品质下降，表现为叶片还原糖含量下降，总氮和烟碱含量升高，烟叶中主要香气物质含量减少。烟草生长发育过程中，各时期严重干旱会不同程度影响烟叶品质，包括化学成分和香气物质含量。其中，尤其以成熟期干旱对烟叶品质下降影响最明显。

2. 抗旱技术　烟草抗旱技术主要包括7个方面：

①因地制宜，优选抗旱品种。遭受严重干旱的烟区应侧重于选择抗旱性较强的品种。要依据当地的土质、环境、气候等多方面条件，全方位进行考虑。选用抗旱性能优良的品种。

②科学耕地，增强底墒。深耕深翻消除土壤隔阂，根系的主要分布层土壤疏松，增强接纳灌溉和降水的能力，减轻地面径流水分损耗，从而提高水分利用率。通过深耕，可以在一定程度上增加烟草根系生长量，扩大烟草根系的生长范围，并且生长范围随耕地深度的增加而增大，同时增强根系活力，促进烟草对水分、养分的吸收。为提高土壤蓄水保墒的能力，改善土壤的松紧度，调节土壤水分，在生产中应进行中耕培土，从而达到促进烟株根系生长的目的。在气候干旱的地区，若无较好的灌溉条件，可以将早中耕、细中耕、高培土相结合，以降低土壤的蒸发量。

③科学灌溉，提高水分利用效率。节水灌溉，减少水资源的浪费，可实行滴灌、隔行沟灌。在干旱条件下，土壤极需水分，从空间上充分考虑植物根系的调节功能，这时在种植区域需交替使用灌溉技术，可减少土壤水分蒸发，不仅有效满足烟草生长过程中对水分的需要，还可节约水资源，这对于极其干旱的地区特别适用。同时，可以采用隔行灌溉的方式。在干旱条件下，多次灌溉的水分会渗透到地面，不仅造成了严重的水资源浪费，同时也增加了烟草生产的成本。因此，在烟草种植区域推广和应用交替灌溉技术，不仅有效满足烟草生长过程中对水分的需求，同时也实现了节约水资源的目的，这一灌溉技术在水资源极度匮乏的干旱地区尤其适用。而且，隔行灌溉对烟草植物学性状没有显著影响。研究表明，节水效果达 50%，在产量、产值、均价、上等烟比例上与充分灌溉量无显著性差异。采用控制性根系分区交替灌溉技术，通过干湿交替的方法不仅有效地促进了烟草根系水分和养分吸收效率的提升，同时也实现了节约用水的目的，为我国干旱地区烟草种植的推广奠定了良好的基础。进一步推广滴灌和隔行沟灌。在进行实际农业生产时，集蓄水技术可以提供新的水源，这样可以将降水地表径流保存在水窖、旱井中，在出现干旱的情况下，可以进行灌溉使用，这种方式与其他方式相比具有投入较低、操作简单等优点，十分适合烟农自己建设时使用。在旱地进行保水时，可以将垄背和垄沟一起铺上地膜，在垄沟里尽可能地贮满雨水，等到雨季结束以后，可以在积水沟的表面盖一层地膜，这样可以在很大程度上解决水分流失。

④科学选肥，实现水肥耦合。逐步增加有机肥的施用量，减少无机肥的使用。目前，关于有机肥在改良土壤性状方面的研究已日益见多，综合其研究结果，有机肥在改良土

壤方面的功效主要表现为提高了土壤的团粒结构和孔隙度，并使其容重降低，使土壤保水性能提高，而透气性能也有所增强；此外，还可以提高土壤的氮、磷和有机质等养分的含量。保水型肥料在烟株生长的前、中期具有明显的保水作用，能相应地减轻干旱胁迫对烟株生长的影响。在生产中常应用水肥耦合技术，其通过改变灌溉制度、灌水方式、作物根区的湿润方式，达到有效调节根区养分、水分的有效性及根系微生态系统的目的。在肥料利用方面，生产中降低无机肥的用量，增加有机肥的用量，底肥为主，秋季施肥，尽量选用优质有机肥。

⑤适时移栽，科学密植。壮苗是指生长发育良好，新陈代谢正常，有机物质合成、积累较多，内含物丰富，碳氮比协调，抗逆性强，移栽成活率高的烟苗。据此，通过移栽壮苗，可以提高移栽时烟苗对所浇水分的利用，移栽后可及早利用耕作层土壤水分，增强烟株抗旱性能，在一定程度上可以减轻旱作烟区大田生长前期由于自然降水不足而对烟株生长发育造成的不利影响。首先，根据当地的降水规律，确定最佳的移栽期，使烟草需水规律与降水规律相吻合，这样可以有效地利用降水，避开干旱时期。其次是移栽时采用垄栽的方式，垄作有较厚的疏松土层覆盖，并且改善了土壤的水、肥、气、热状况，对烟株根系和地上部的生长均有利。不同种植密度对烟田的水分利用率有影响，从而有利于烟草干旱胁迫的缓解。烟田贮水量随种植密度增大有逐渐减少的趋势。随着种植密度的增大，烟田水分蒸散量逐渐加大，土壤水分亏缺量也随之增加；烟田耗水量相应增加，种植密度还应根据当地气候条件、烟叶营养情况等具体而定。

⑥覆盖栽培，节水抗旱。通常情况下，在培育烟草苗阶段，选择覆盖方式进行栽培，主要包括地膜覆盖和秸秆覆盖两

种。抗旱栽培培育，覆盖栽培尤为重要。覆盖栽培能够有效改善水分条件，使土壤保持充足的水分，满足烟草生长栽培期间对水分的需求。

⑦科学应用化学制剂，减缓干旱。植物生长调节剂是一类人工合成的具有类似植物内源激素功能的化合物，植物生长调节剂能够降低植物的蒸腾作用，增强根系的吸水能力，从而达到调节植物水分平衡的目的。磷、氮、钙、钾、锌等是植物生长过程中需要的矿质元素，在调节烟株水分利用、促进根系生长、增强烟株抗旱性等方面也有重要作用。有机小分子化合物类可以提高干旱缺水条件下烟草的成苗率或降低气孔的开度、减少蒸腾失水。已被公认为优良的抑制蒸腾剂。在烟苗移栽时灌根，或干旱胁迫下叶面喷洒均可提高烟株抗旱性。生产上应用的有机高分子化合物主要有高分子保水剂、薄膜型抗蒸腾剂。保水剂可以提高烟株的抗旱性、水分利用效率，降低烟草的水分蒸发量。薄膜型抗蒸腾剂是利用高分子物质在植物表面形成极薄的膜，阻止水分蒸腾。

（四）橡胶树

1. 灾害症状　橡胶树是生长在热带地区的多年生高大乔木，是生产天然橡胶的最主要植物。由于橡胶树蒸腾耗水巨大，割胶导致水分流失，干旱对橡胶种植产业的影响尤为明显。橡胶树的种子在成熟后会随即萌发，这个阶段缺水会对橡胶树种子活力有较大的影响。橡胶树种子在成熟散落时的含水量很高，随着含水量的降低，种子活力迅速下降，在失水60%以上时，橡胶树种子完全失去活力。我国植胶区地处热带北缘至南亚热带地区，受季风影响，降水量分布不均。60%～90%的降水集中在5～11月，干湿季明显。干旱会引起橡胶树生长受阻、抽叶减慢，甚至会干枯死亡。干旱导致推迟割胶，缩短可割胶时间。割胶期缩短，排胶受阻和死皮树增加，导致橡胶产量下降或停割，严重影响橡胶的生长和产胶水平。干旱还会导致橡胶树过冬落叶和开花的提早；提早开花可能引起当季的第二轮开花导致开花时间延长。

2. 抗旱技术　橡胶树抗旱技术主要包括 5 个方面：

①科学选地，预防旱灾。从减轻旱害的角度考虑，在干旱较严重的地区植胶，胶园应选择在阴坡坡下、壤土且土层深厚的地段上。

②选用抗旱材料，做好抗旱防御。使用抗旱种植材料。以耐旱能力较强的品系为砧木，则可增强橡胶接穗的抗旱能力。

③科学运输，抗旱定植。选用无病虫害且生产旺盛的袋装芽接苗。若胶苗需要远距离运输，则定植前需要炼苗。在定植前 1 个月开挖种植穴，以利于回表土暴晒风化。回穴时，将表土打碎，捡净草根、树根、石块等杂物，然后每塘拌入基肥回穴。回穴表土应稍高于穴口，穴面中部稍凹，以利蓄水。定植前植穴灌水，定植时分层压土，然后淋足定根水，并在定植穴上植株四周盖草（或其他植物材料）或塑料薄膜遮阴，以保水防旱，以后定期淋水保湿。进行早春抗旱定植时，使用"高吸水树脂"液作定根水；以后每半个月淋水一次。冬季时将裸根芽接桩装袋育苗，在次年 4～5 月上山定植。袋装苗比裸根苗具有早期优势，其中以褐色芽片袋装苗的成活率最高、早期长势最好。土包围洞。常规定植后，在苗木四周塑培一个中空的土堆。

④增施钾肥，增强抗旱能力。增施钾肥，可以促进橡胶树的生长，改善土壤水分状况。通常在冬旱前追施含钾复合肥。

⑤铺死覆盖，增强底墒。死覆盖（最好是稻草）比自然覆盖或豆荚植物覆盖好。铺设死覆盖后，土壤的持水能力增强，植物的水分状况也得以改善。同时，死覆盖能增加土壤和橡胶

树叶片中钾的含量。生产上通常在橡胶树周围（或植胶带植行上）铺盖稻草或杂草。

（五）甘蔗

1. 灾害症状 甘蔗是我国主要的糖料作物，蔗糖约占全国食用糖总产量的92%。我国蔗区主要分布在广西、云南、广东、海南等省份，种植面积占我国甘蔗种植总面积的93%左右。甘蔗对水分需求量较大，甘蔗下种之后，如果遇干旱的自然条件，甘蔗的出苗率将降低。甘蔗整个生长发育时期，一般可分为萌芽期、幼苗期、分蘖期、伸长期和成熟期。在不同生育期，甘蔗的需水规律不同。整个生长阶段的需水规律可概括为"两头小，中间大"，即萌芽期和分蘖期需水量少，伸长期需水量大，成熟期的需水量也少。甘蔗受水分影响最大的时期是伸长期。我国甘蔗种植由于机械化水平低、劳动力成本高，使得甘蔗种植成本增加、效益低，所以大部分蔗农都把甘蔗种植在缺乏管理、缺乏灌溉条件的旱坡地上，保水性差，旱地甘蔗面积占全国植蔗总面积的85%以上。甘蔗生产受到干旱的严重限制，每年大部分植蔗区都出现不同程度的旱害，特别是冬、春旱严重影响春植蔗苗期的正常生长，产生一系列生理变化，体内有效水分减少、叶绿素含量下降、光合速率低下、减少有机物的合成积累，常出现弱苗、矮苗，受旱植株的明显外观症状是叶色改变、叶片明显枯萎以及紧张度降低等。但是，土壤干旱与大气干旱的某些危害特征不同。土壤干旱首先侵害最低位叶片，然后侵害上部叶片，通常是叶尖先干枯，然后延伸到叶基及叶缘，叶片的鲜绿色变得更绿，然后变黄，接着干枯。受旱害最严重的植株表现为叶缘向内卷曲的萎蔫。大气干旱时，最上端刚萌发的第一、第二片叶受到侵害，而低位叶片仍保持正常绿色。叶片末端开始干枯，并很快遍及整个叶片，直逼叶基。一般高温（超过 40℃）、低湿（10％～38％）、强光照及吹热风这种极端天气会引发这种类型的干旱。秋季干旱则严重影响甘蔗中、后期的正常生长及糖分的积累。旱害导致甘蔗减产和品质降低，已成为制约中国蔗糖产业健康发展的关键因素之一。

2. 抗旱技术 甘蔗抗旱技术可分为种植前期和后期抗旱栽培技术两类。

甘蔗种植前期抗旱栽培技术主要包括 6 个方面：

①科学选种，增强防旱能力。选用抗旱性好的品种有助于获得较高的产量和糖分。优良品种一般具有发达的根群，入土较深，根压较高，叶片较窄，叶片上、下表皮刚毛较多，植株表皮细胞角质化程度高，蜡粉厚，种子抗病力强、活力强、萌芽率高；出苗快，整齐；分蘖力强，早生快发，抗旱性相对较强。相反，在种苗萌发过程中，先芽后根的品种及前期生长慢、后期生长快的品种抗旱性较差，自动脱叶的品种由于会增加蔗田土壤表面水分蒸发和作物蒸腾，也会减弱作物的抗旱性。观察比较不同品种的抗旱能力，优先选择种植耐旱、耐瘠、宿根性好、抗旱性强的早熟、高糖甘蔗品种。

②适时整地，增强底墒。整地对甘蔗种植非常重要。一般的旱地甘蔗出苗率只有 40％左右，主要原因是缺乏种苗萌发所需要的足够水分，旱地甘蔗整地的目标就是要有利于保持土壤水分和提高种苗对水分的利用程度，从而提高出苗率。深翻耕能使甘蔗种苗处于湿度相对较大的环境中，有利于提高其出苗率。在干旱条件下，蔗地深松深耕也有利于根系的生长发育，促进其纵横发展，形成强大的根系，从而增强其吸水能力，促进甘蔗生长。

③开挖植蔗沟，保水抗旱。在深耕的基础上，深挖植蔗沟能够确保前期种苗萌发和后期土壤积蓄一定的水分，有利于甘

蔗的充分生长，能增强甘蔗的抗旱能力，获得较高的产量。推广坡地槽植法，即沿等高线开植蔗沟并封闭蔗沟两端，形成一个"槽"，保持水土，减少径流；蔗种置于沟底板土上，施肥，覆土后加以镇压（压实覆土层），使沟底板土、种苗和覆土层紧密结合，减少土壤水分蒸发，同时利用毛细管水以提高出苗率；充分发挥"槽"的保水、保肥作用。

④施足基肥，增强抵抗力。要获得较好的经济效益，必须施足基肥。对氮、磷、钾的吸收和利用，可提高甘蔗耐旱、抗旱能力，促进了植株早生快发。根据土壤养分特性，平衡施肥，避免偏施、重施氮肥对甘蔗糖分的影响。基肥以有机肥（农家肥）和化肥配合施用。所有肥料应均匀施入种植沟内，与土壤拌匀后再下种，尽量避免蔗种与肥料直接接触，防止烧伤种苗。蔗田增施有机肥可有效改善土壤的理化性状，有利于土壤对水分的保蓄，增加土壤含水量，提高对甘蔗的水分供应。

⑤适时播种，提高防旱能力。播种主要从播种期、播种量和种苗处理等方面来考虑：调整播种期以保证甘蔗在干旱季节具有一定的生长量，增强其对干旱的抵抗能力；旱地甘蔗出苗率较低、分蘖少，一般都以加大下种量来保证有足够的有效茎数。用保水剂、植物生长调节剂等进行种苗处理能促进种苗内贮存的糖分转化，提高代谢水平，促进蔗茎发根和蔗苗生长，提高抗旱能力。冬植蔗、春植蔗必须实行"三湿"下种，即蔗种湿、种植沟湿、肥料湿，播种后盖土压实，减少土壤水分蒸发。采用半干式播种法，沟底湿润保证了蔗芽萌发所需水分，同时表层土壤疏松破坏了毛细管，避免水分散失过快，利于蔗种萌发出苗。

⑥因地种植、合理密植。甘蔗种植时穴面低于地面，有利于今后抗旱和培土。在坡地和地下水位低的土地上种植甘蔗，

使甘蔗沟低于地面10～15厘米，有利于淋水盖草、抗旱。合理密植，根据种植节令调整下种量，合理的种植密度能够适当加大荫蔽、有效保持土壤水分，有利于甘蔗抗旱栽培。晚秋植蔗及冬植蔗下种后采取地膜覆盖，地膜覆盖是甘蔗抗旱栽培的又一重要措施，包括活覆盖和死覆盖两种方法。活覆盖主要是通过间套作，减少阳光对土壤表面直接照射，从而减轻土壤水分蒸发，达到保水防旱的作用。死覆盖主要有秸秆覆盖和地膜覆盖，减少地表径流和毛细管水分蒸发，增加土壤含水量，增强甘蔗抗旱能力。开挖深沟、板土下种、闭垄、栽后镇压、覆膜一次完成。用蔗叶、稻草覆盖蔗垄行间，可以避免土壤侵蚀。

甘蔗种植后期抗旱栽培技术主要包括5个方面：

①苗期打好基础，增强防旱能力。甘蔗苗期的生育特点是地下根系生长较快，地上叶片却生长缓慢的营养生长期。苗期保证苗全、苗齐、苗壮，为能早分蘖争取足够的有效茎数打下良好基础。苗期遇干旱，有条件的应及时灌跑马水或淋水抗旱，雨后中耕松土也是保水抗旱的有效方法。

②科学用水，确保分蘖期水分。分蘖期以分蘖为中心，这期间是根、叶、茎（蘖）营养生长较旺盛的时期，是决定有效茎数的重要时期。分蘖期管理的重点：促进分蘖早、分蘖壮，间苗和定苗抑制后期无效分蘖，为达到预期的有效茎数打好基础。甘蔗分蘖期需水比苗期稍多一些，一般保持土壤持水量70%左右为宜。

③防旱保水，做好伸长期田间管理。伸长期是指从拔节开始到节间伸长基本停止这个营养生长阶段。这个时期是以长茎为中心的营养生长旺盛期，是决定有效茎数和蔗茎重的关键时期。伸长期是甘蔗一生中需肥最多的时期，占全生育期吸收量的60%～70%。甘蔗伸长期是甘蔗一生中需水最多的时期，在伸长期必须保持土壤湿润，一般保持土壤持水量80%为宜。

天气少雨干旱，有水利条件的，要进行适当灌溉。无水利条件的旱坡地，要注意防旱抗旱，以免影响甘蔗的伸长增粗。如遇干旱，则植株矮小、节间缩短，从而造成减产。适当的中耕培土措施，能有效地减少土壤水分蒸发和有助于土壤积蓄较多的水分，缓解旱情。开挖"竹节沟"能起到蓄水保墒的作用。高旱地甘蔗易受秋旱胁迫，为了防旱保水，一般不剥除枯叶，或剥叶后留在蔗地，覆盖蔗畦。

④开垄施肥，确保生长后期土壤湿润。从蔗茎伸长基本停止至收获这段时期为甘蔗生长后期。本期茎叶生长缓慢，是以蔗茎积累糖分为中心的营养生长期，是进一步提高蔗茎糖分和提高茎重的重要时期。甘蔗生长后期，应保持土壤湿润，有利于蔗茎的增长和糖分的合成。因此，有灌溉条件的蔗区，如土壤干旱水分不足时应进行灌溉，但在收获前一个月应停止灌溉，以促进甘蔗成熟。旱地土壤干旱，一般只开垄不松蔸，并且开垄、施基肥、闭垄同时进行；特别干旱的蔗地在有适量降雨时才能进行开垄施肥，以避免蔗蔸受旱。

⑤工程抗旱，防灾减灾。兴修包括各类蓄水工程（如水库、山塘等）和蓄、引、堤工程（如拦河堤、机井、排灌站等）以及完善配套的水利工程，充分利用有限的水资源，这是甘蔗抗旱增产的重要措施。加强蔗田基本建设，根据蔗田节水要求，对蔗园土地进行平整，旱坡地则建设水平梯田，做到沟渠相连，排灌方便，完善田间配套工程。在旱坡地还可实行沟坑相连工程措施，有助于径流蓄水。排灌渠道防渗、管道输水，减少水分损失，提高水分利用率。大力推广节水灌溉技术，喷灌、滴灌代表了高水平的节水灌溉，根据目前的实际情况，可考虑试行推广移动式喷滴灌技术。同时，对传统的灌溉技术进行改进，依据蔗株生理指标及土壤水分状况，确定合理灌溉时间和灌溉量，达到节水抗旱、增

产丰收的目的。

（六）果树

1. 灾害症状　干旱会引起果树体内的代谢失衡，导致植株矮小，生长不良。干旱使果树体内水分缺乏，代谢失调，光合作用和物质输导作用降低，果树自身制造养分的能力和从土中吸收养分的能力降低，使果树处于营养缺乏、生长不良的状态，果树出现如新梢抽生短、花芽分化少、叶片光合效率低、果个小、品质差等现象。干旱也会导致果树生理性病害增多。干旱条件下，地下水分蒸发强烈，易使盐碱土壤返碱严重，土壤表层盐离子增多。由于离子间的拮抗作用，使果树对一些生长所需的微量元素吸收受阻，产生如生长点干枯、葡萄缺镁症、雪花梨叶边焦枯等生理性病害。同时，干旱会导致果树虫害及病毒性病害发生较重。干旱有利于一些果树病虫的繁殖及传毒昆虫的活动，防治不及时易造成大的危害。但对果树发生菌类病害影响较轻，因为大多数真菌孢子的萌发、细菌的繁殖以及游动孢子和细菌的游动都需要在水滴里进行。此外，干旱会对果树造成机械性损伤。持续干旱会使果树细胞失水萎蔫，一旦遇上大雨或大水灌溉，细胞吸水膨胀破裂，轻者产生裂果，严重时会造成果树干枯或树体死亡。

2. 抗旱技术　果树抗旱技术主要包括 8 个方面：

①争取灌溉水源，应时进行灌溉。若遇干旱，应及时进行灌溉，尽可能争取灌溉的水源，对树盘浇水要浇透，最好采用滴灌、喷灌等节水灌溉技术。通过微喷头将水喷洒在枝叶上或树冠下。根据果树的需水要求，通过低压管道系统，将养分和水分以较小的流量均匀而准确地直接输送到果树根部。滴灌主干管道与毛管应采用质量好的黑色 PE 管，并将所有管道用土掩埋，避免阳光照射造成老化伤害，增加其使用年限，并将其

铺设到每株果树之下，定期进行滴灌（图6）。滴灌通过封闭的管路系统把灌溉水从水源直接输送到果树根部，消除了渠道输水过程中的蒸发和渗漏损失、田间径流和深层渗漏损失等。各地的试验结果表明，滴灌比地面灌溉省水50%～70%。

图6　用土掩埋黑色PE管

②科学应用穴灌，增强抗旱能力。在果树树冠两侧滴水线的内侧，挖两个对称的孔穴，依次灌水大约50升/株，利用根系的趋水性和强大的吸水功能，可满足果树一周左右的抗旱需水要求。灌水后用草覆盖树盘或灌溉穴，减轻蒸发损耗效果更佳。有条件的可结合使用抗旱剂。

③合理修剪，减少无效耗水。合理整形修剪（图7），减少果树负载可将树形修剪为抗旱的纺锤形，剪掉新梢、多余的枝叶、灼伤的叶片和果实，以减少水分蒸发和蒸腾作用。超载果园严格疏除多余果实，否则会加重树体水分的损失，降低果实品质，严重的对整个树体造成危害。修剪时，注意伤口要少；修剪后，要用封剪油尽快涂抹伤口，防止树液蒸发。

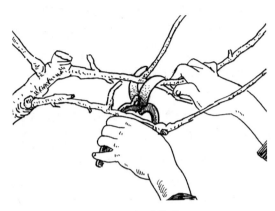

图 7　整形修剪

④果园覆草，增墒抗害。提倡树盘覆草，覆盖厚度15～20厘米，覆草后盖些土，防风、防火又可促进腐烂，如果采用新鲜的覆盖物最好经过雨季初步腐烂。要注意喷洒杀虫剂防治草中的害虫。秋季要对落叶和病枝进行及时清理。果园灌溉结合树盘覆盖，可有效减轻土壤水分的蒸发损耗。可以用稻草、木屑、谷（麦）壳、杂草等将裸露的地面覆盖，以减轻高温伤害。

⑤树干涂白，抗旱防灼。温度过高会导致果树的叶片卷曲，同时树干也会受到伤害。为防日灼，可在树干上刷涂白液，原料为生石灰、水、食盐、黏着剂（如油脂）、石灰硫黄合剂原液，浓度可为 10：30：1：1：1。涂白液配后要立即使用，不宜存放时间过长。

⑥雨后中耕松土，蓄水保墒。为延缓旱情继续发展，在土壤水分充足时，需在雨后尽快全园中耕松土一次。中耕松土后，可以破除土壤板结，截断毛细管，达到蓄水保墒的作用。

⑦施叶面肥，补充水分。在高温干旱的季节，可对叶面连

续喷施 500 倍的尿素和磷酸二氢钾，也可以喷施 1 000 倍的氨基酸复合肥，不仅可以降温，同时也可以补充水分和养分、提高叶片功能。对于旱地果园缺乏灌溉条件的，在气温高的月份可施用草木灰浸出液来提高树体含钾量，提高果树抗旱的能力。

⑧养根壮树，提高抗旱能力。养根壮树生产中常用的有机肥多数为鸡粪、人粪尿、圈肥、堆肥、饼肥、草肥和绿肥等，这些有机肥中含有大量有机质，施入土壤后会经过微生物的分解和物理化学变化，能够改良土壤，培肥地力。有机肥在分解后，会形成大量腐殖质，可以使土壤单粒胶结成土壤团聚体，从而使土壤容重变小、孔隙度增大，土壤的透水性和保水、保肥性增强，从而提高保肥、保水的能力，为根系生长创造良好的生态环境，在此基础上再结合果树整形修剪等技术措施，便可达养根壮树的目的，从而提高树体抗旱能力。

（七）牧草

1. 灾害症状　干旱会影响牧草的各个生育阶段。在牧草返青期，轻旱使牧草的返青率减少 10%～20%，返青速度缓慢，植株不整齐；中度干旱时，牧草返青率减少 20%～50%。牧草分蘖期至成熟期，轻旱仅使牧草基部叶片卷曲，生长发育略有迟缓，长势基本正常，但中旱将使 30%～50% 牧草叶片在中午时发生萎蔫卷曲，生长中、后期的中、下部叶片早衰变黄，灌浆受阻，秕粒较多；重旱将使 50%～80% 牧草叶片萎蔫卷曲，叶色发灰，叶片干枯易脱落，生长发育受阻，籽粒不能正常灌浆，大部分为秕粒；特旱则将使 80% 以上牧草叶片干枯，茎秆矮小，甚至生长发育停止，粒籽正常灌浆率低于10%。从牧草全生育期看，轻旱、中旱、重旱和特旱分别使牧草地上生物量较牧草正常返青和生长发育年份的生物量降低

10％～20％、20％～40％、40％～60％和60％以上。

2. 抗旱技术　春季种植牧草主要受环境条件中两大因素的制约，即"春旱"和"春寒"。这两个因素中任何一个出现或交互出现，均会造成播期延迟、播后出苗不全不齐、缺苗断垄等现象，也会导致春季牧草播种面积下降，最终会直接影响牧草生产。牧草抗旱技术主要包括7个方面：

①针对不同土壤墒情，优选抗旱品种。根据牧草品种抗旱性和抗寒性的差异，结合春旱对土壤墒情影响的强度和范围，选择苗期耐低温、种子拱土能力强、较抗旱的牧草品种。在比较干旱瘠薄的地块，可以选择种植苜蓿、直立黄芪（沙打旺）和草木犀等豆科牧草以及高羊茅、苏丹草和甜高粱等禾本科牧草品种；在土壤比较肥沃、有机质含量高的地块，可以选择种植墨西哥玉米、高丹草、欧洲菊苣、籽粒苋和串叶松香草等高产品种。

②精选种子，适时播种。精选和晾晒种子。通过去杂、去瘪粒，获得比较均匀一致的种子；精选的牧草种子纯度应在96％以上，净度在98％以上。播前选择晴天晒种3天，以提高发芽率、抗病性和出苗整齐度。

③打破休眠，降低硬实率。有些牧草种子，如苜蓿等具有休眠性，硬实率较高。为提高种子的萌发能力，播种前可对种子进行处理，如擦破种皮、用石碾或用碾米机进行碾压或种子中掺入一定数量沙石在砖地轻轻摩擦，使种皮粗糙发毛。碾压和摩擦时间的长短，以种皮表面粗糙起毛、不压碎种皮为原则，这一方法适于处理苜蓿等小粒种子，可提高近1倍的发芽率。对于颗粒较大的种子如红豆草，常采用50℃～60℃水中浸泡30分钟处理的方法。有时也可用浓硫酸处理，将浓硫酸加入种子中拌匀处理20～30分钟，种皮出现皱纹后，放入清水中将酸洗净，晾干后再播种。

④包衣和催芽处理，增强抗旱性。播种前，利用抗旱型复合种衣剂对牧草种子进行包衣，既可增强根系活力、提高种子的抗旱性，还能防治苗期病虫危害；对豆科牧草在播前可以将根瘤菌接种与包衣结合起来，既可以提高豆科牧草的固氮能力，又可提高种子的发芽率。有灌溉条件时可采用浸种催芽，即将种子放在温水中浸泡一段时间，水温和浸泡时间依草种而异。如豆科牧草：通常 10 千克种子加 30～50℃ 温水 10～20 千克，浸泡 12～16 小时；禾本科牧草：10 千克种子加 50℃ 温水 10～15 千克，浸泡 1～2 天，而后置于阴湿处 2 天，并隔几小时翻动一次。

⑤科学播种，保墒造墒。抢墒播种。春季降雨较少的地方，地表干土层厚度 3～4 厘米，在牧草常规播期前 10～15 天如果出现降雨，可将牧草种子的播期提早至降雨后。播种时，要随播随盖并尽量拍实地表，以防跑墒。

引墒播种。对于黏土较重或耕翻后易形成大土块、地块底墒差的地方，牧草播种前 3～4 天，可先将较大的土块打碎并用石磙镇压一次，次日早晨地皮退潮后播种，随播随蹚，防止跑墒，在播种 2～3 天后再蹚一次，使下层水分逐渐上移，为牧草种子提供发芽出苗所需的土壤水分环境。

提墒播种。对于地表干土层 3～5 厘米但底墒较好的地块，在播种前，对地块耙耢或镇压进行提墒，以促进牧草种子萌发生长，提高幼苗的抗旱能力。

⑥节水灌溉，水肥适配。牧草生长若遇干旱，应及时进行灌溉。为节约水资源，可以采用隔行灌溉的方式。在干旱条件下，多次灌溉的水分会渗透到地面，不仅造成了严重的水资源浪费，同时也增加了牧草生产的成本。因此，在牧草种植区域推广和应用隔行沟灌技术，不仅有效地满足了牧草生长过程中对水分的需求，同时也实现了节约水资源的目的，而这一灌溉

技术在水资源极度匮乏的干旱地区尤其适用。同时，增施有机肥可以改良土壤结构，促使牧草根系下扎，并可以提高土壤的水肥调节能力，改善土壤的蓄水、保水和供水能力，减轻牧草的旱灾损失。

⑦人工影响天气，实现防灾减灾。有条件的牧草受旱地区，应抓住一切有利天气，积极开展人工增雨作业，最大限度地降低干旱灾害的损失。

防抗洪涝技术

一、基本概念

（一）洪涝

洪涝指洪涝灾害，通常指由于暴雨等降水量大、过于集中或持续时间过长，农田积水无法及时排出、土壤水分饱和，使作物生长发育不良或死亡，造成减产或绝收，导致农业或其他财产损失和人员伤亡的灾害。洪涝形成及其强度是天气气候、作物抗涝性、地形地貌、土壤结构及人类活动等多种因素综合作用的结果。农业洪涝灾害主要包括洪灾、涝灾和湿害，是中国农业生产中仅次于旱灾的气象灾害。按照发生季节，洪涝可分为春涝、春夏涝、夏涝、夏秋涝、秋涝等。不同季节的洪涝对农业生产影响不同：春涝及春夏涝主要发生在华南及长江中下游等地区，以湿害为主，农田积水后常引起小麦、油菜的烂根，早衰，病害流行；夏涝在黄淮海平原、长江中下游、东南沿海、四川盆地以及东北等地区发生频率较高，影响夏收夏种，造成小麦倒伏、秕粒、发芽霉烂，棉花蕾铃大量脱落，水稻倒伏减产甚至绝收；秋涝和夏秋涝主要发生在西南和陕西中南部，其次是华南及长江中下游、江淮等地区，对秋收作物生长和冬小麦秋播影响较大。

（二）洪灾

洪灾是由于大雨、暴雨等引起江、河、湖、库水位猛涨，堤坝漫溢或溃决，客水入境淹没农田、冲毁农业设施造成的灾害（图8）。降水过多或过于集中是发生农业洪灾的直接原因，汇水面积较大而河床较窄的江河、地势落差较大的山谷和盆地等地理条件增加了洪灾发生的概率。基于洪灾成因可将其分为暴雨洪水、融雪洪水、冰凌洪水、冰川洪水、溃坝洪水等。空间分布上，我国洪灾强度总体是南重北轻态势；中东部地区以暴雨洪水为主；西北地区多发生融雪性洪水；东南沿海的洪灾多为台风暴雨和风暴潮导致。

图8　农业洪灾

（三）涝灾

涝灾是由于本地降水过多、雨量过大或过于集中，地面径流不能及时排出，农田积水超过作物耐淹能力，造成农业减产的灾害。涝灾使土壤中的空气相继排出，造成作物根部氧气不足，根系部呼吸困难，并产生有毒有害物质，影响作物生长甚至造成作物死亡，从而导致减产。降水过多和过于集中是发生涝灾的直接原因，地理、土壤和排水状况等可影响涝灾的程度，譬如，洼地因排水困难，相比坡地更易大面积受涝；黏土地相比于渗水快的沙土地易受涝灾。由于不同作物及其各生育时期对土壤过湿和积水的适应能力不同，因此涝灾危害程度还与成灾区种植的作物种类及其所处发育阶段有关。

（四）湿害

湿害指农田土壤水分长期处于饱和状态使作物遭受的损害，又称渍害。雨水过多、地下水位升高，或洪涝发生后排水不良，都会使土壤水分处于饱和状态。土壤水分饱和使作物根系缺氧受害，影响水、肥的吸收，作物生理活动受到抑制，厌氧过程加强会产生硫化氢等有毒物质，也使作物受害。湿害的危害程度与雨量、连阴雨天数、地形、土壤特性、地下水位有关，不同作物及其不同发育期耐湿害的能力也不同。我国湿害主要发生于长江中下游、华南和西南等地。

（五）雨害

雨害指由于长时间、大量降雨或雨水性质异常对农业生产造成损失的一种自然灾害（图9）。广义上的灾害性降雨包括

图 9　雨害

突发暴雨、大量降雨、连阴雨、冻雨和酸雨。狭义上的雨害主要指大量降雨或连阴雨造成的作物生长发育障碍和倒伏、农田土壤养分淋洗损失和农产品霉变等，雨害程度与阴雨天数、降雨强度及农作物与农业设施的脆弱性有关。

（六）融雪性洪水

融雪性洪水指由积雪融化形成的洪水，简称雪洪。融雪性洪水一般在春、夏两季发生在中高纬地区和高山地区，如我国东北和西北的高纬度地区，冬季漫长严寒，积雪较深，在春、夏季节气温回升又很快，加速了积雪消融的速度，大面积积雪的融化形成洪水。有些高山（如天山、喜马拉雅山脉等），当夏季气温较高时，永久积雪和冰川也发生融化形成夏汛，与冬春融雪性洪水相比涨落较缓。影响雪洪大小和过程的主要因素包括积雪面积、雪深、雪密度、持水能力、雪面冻深，融雪的热量（其中一大半为太阳辐射热），积雪场地形、地貌、方位、气候和土地使用情况及这些因素间的交叉影响。雪洪危害与普通洪水类似，但融雪性洪水当中会夹杂大量冰凌、融冰，且水温很低，冲击性极大带来的破坏性也极大，并可造成动植物的冷冻害，灾后作业难度较大。

（七）潮塌

潮塌指春季表层土壤迅速解冻，而下层土壤尚未解冻，解冻土壤水分无法下渗而向上输送，致使表层土壤出现含水量饱和或过饱和状态，土壤过湿，使人、机、畜不能下地作业而延误春播的一种农业气象灾害。潮塌在我国一般发生在河套灌区，主要危害春小麦的生长。因潮塌导致春小麦播种延迟，各发育期气候条件与春小麦生长需要出现偏差而制约其正常生长，生育期缩短，产量降低。根据气象要素对潮塌影响的特点，潮塌可分为 4 种类型：①稳定型。开春后，一般没有降水，但气温稳定在 1℃以上，伴有连续偏东风不断输送暖湿气流且风速较小，空气湿度增大，蒸发量减小，土壤水分迅速向上输送但不能及时散失而导致潮塌。②雨水型。入春后的温度条件不足以引发潮塌，其间出现明显降水，渗入地表后与冻土层水分连接，导致表层土壤迅速出现饱和或过饱和现象，发生潮塌。③高温型。气温变化较大且持续偏高（5℃以上）时迅速出现的潮塌。④混合型。上述多种情况同时出现时发生的潮塌，发生快、蔓延迅速、持续时间长且危害大。

二、防抗农业洪涝灾害

（一）水稻洪涝灾害

1. 灾害症状　水稻是喜水农作物，但水稻的生长期，尤其是早稻的生育后期、中稻的生育中期和晚稻的生育前期，也正是我国暴雨洪涝的多发期；并且，我国水稻的主要种植区，如江淮流域，也是洪涝灾害较重的地区。因此，水稻也是受洪涝危害最为严重的作物。

影响水稻洪涝危害的外在因素包括：淹水会影响水稻的生长发育，对其产量和品质产生不良的影响，危害程度随淹水季节、淹浸水深、淹水时间及最高气温等的不同而异。试验观测表明，水稻营养生长阶段受淹涝对产量的危害小于生殖生长阶段，在孕穗期至抽穗开花期淹水减产最严重。早稻抽穗开花期受淹减产率最高，晚稻拔节孕穗期的受淹减产率最高；水稻作为喜水耐淹作物，半淹情况下水稻有一定适应能力，但没顶（全部淹没）淹水后，会导致不同程度的减产。水稻受淹后，只要主茎生长点和分蘖芽尚未死亡，及时排水，加强管理，一般可以恢复生机，并获得一定产量；水稻受水淹后，如果水体的温度与水稻的最适生长温度接近，水稻减产率相对较低，或者不减产。淹水的温度偏离水稻最适生长温度越多，水稻减产幅度越大。

水稻洪涝危害症状包括：淹水会引起水稻发生一系列生理生化和形态特征变化。水稻淹水没顶后，光合作用和呼吸作用受到抑制，造成生理性障碍，使稻株器官受损，出现叶面失绿、幼穗坏死、分蘖受阻、稻株倒伏、根系受损等症状。

①生理生化影响。虽然水稻有较发达的通气组织，但长时间淹水尤其是没顶淹水，仍会导致水稻生长环境缺氧，无氧代谢加强，产生大量有毒物质，造成根系缺氧中毒、生长和功能受损、白根数明显减少，根系对营养元素的吸收能力也降低；水淹还会破坏叶片细胞膜，引起代谢紊乱，导致水稻净光合速率降低，物质合成减少，为了维持生存所需能量，水稻会消耗储存的糖。

②形态特征变化。发生洪涝时，被淹水的水稻最明显的症状是叶片逐渐变黄、枯萎，单株绿叶数减少。退水后尚存活的稻株即使恢复生长，但受淹后长出的叶片，其长度、宽度均小于正常情况的叶片；淹水会促进稻株节间和胚芽鞘伸长，茎节部位长出不定根和不定芽。淹涝使顶端生长受抑制，茎蘖死亡率增加；洪涝对稻株高度的影响和灾害发生的生育期有关，孕穗期和乳熟期淹水，水稻植株普遍升高，第4节间显著伸长，使稻秆从叶鞘中裸露出来，第4节间抗折能力变差，稻株趋向倒伏。但淹水后水稻的生长速度变慢，最终株高比正常矮；洪涝受淹的水稻根毛显著减少，根系停止生长。

③生育期延迟。淹水会导致稻株生长发育减慢或停止，即使灾后植株恢复生长，也会引起生育进程向后推移，导致始穗期延迟；另外，由于淹水导致部分水稻茎蘖死亡，恢复生长后陆续有新的分蘖产生，但穗期不集中，由始穗到齐穗的时间被

拉长，推迟齐穗，从而导致整个生育期延长，延误后茬作物的生长发育。

④产量影响。不同生育期淹水对水稻产量及产量构成的影响不同，减产率与受淹深度和受淹日数呈正相关。如杂交水稻中后期遭受洪涝，淹没时期对产量的损失度表现为抽穗期＞孕穗期＞乳熟期，没顶淹水对产量的危害大于非没顶淹水。淹水对水稻产量构成的影响，一般表现为结实率受洪涝灾害的影响最大，其次为有效穗数，而千粒重受洪涝灾害的影响最小；在分蘖期受淹降低有效分蘖率影响穗数，幼穗分化期淹水影响每穗总粒数，孕穗期抽穗期受淹影响颖花分化、花粉活力降低、影响受精、籽粒形成及营养物质的累积，降低结实率、穗粒数及粒重，灌浆期淹水主要影响千粒重。

2. 防抗技术　防止洪涝灾害的根本途径是改善生态环境，减少水土流失；在低洼地带及沿湖、沿江地区的稻区，修筑堤坝、修整渠道，建设排灌迅速的农田。同时，做好灾前预防和灾后减灾工作。

灾前预防措施包括：①合理安排栽培季节。根据水稻不同生育期抗洪涝害能力和当地洪涝发生规律，调整水稻的栽培季节，错开水稻对洪涝的敏感期和洪涝发生高峰期。易于春涝的地区，可种植中稻加再生稻或一季晚稻为主；易发生夏涝的地区，可种植特早熟早稻，争取在洪水到来之前收割；易发生秋涝的地区，以种植早稻和中稻为宜。②在洪涝易发、多发地区种植耐涝性品种（组合），选择种植植株高大、剑叶较长的品种，延迟没顶淹没、提早露出水面，减少稻株被全淹的时间。③灾前通过水培调控、化学调控等措施促进水稻生长旺盛，提高水稻的耐涝能力。如高钾水平有利于壮秆和增加细胞中糖分的积累，提高水稻的耐涝性；在苗期喷施烯（多）效唑增加水稻分蘖和干物重、促进根系发育，提高水稻的耐洪涝能力。

灾后减灾措施包括：水稻遭受洪涝灾害后，首先要抓紧时间抢排积水使水稻植株尽快露出水面，然后根据洪涝对稻株的危害程度判断植株是否能恢复生理机能。稻茎枯黄、严重倒伏，根已腐烂，不能恢复的地块要因地制宜进行改补种；没顶受淹时间较长（特别是在孕穗期和抽穗开花期受淹），叶片全部变黄，但根系尚好，休眠仍能萌发的稻田，应考虑割苗蓄留洪水再生稻；如果排水后稻株心叶为绿色、有白根，要加强田间管理，尽可能恢复稻株生长将产量损失降到最低。

水稻洪涝防灾减灾技术主要包括以下 6 个方面。

①抢排稻田积水，先高后低。先排高田，争取让苗尖及早露出水面，缩短受淹时间，降低损害。排水露苗时，要根据天气情况适当控制水层，既要防止青枯死苗，又要增加土壤透气性、改善根际环境促进根系活力。如遇高温晴天，田间要保留一定的浅水层，以满足稻株蒸腾所需的水分使稻苗逐渐恢复生机，避免萎蔫枯苗。秧苗可在太阳落山后再排水露田，第二天清晨再重新灌浅水，促进根系快速恢复活力；如遇阴雨天，可一次性排干水。在退水时，要随退水捞去漂浮物，可减少对稻苗的压伤和苗叶腐烂现象。同时，在退水刚露苗尖时，要及时清洗植株（苗），可用喷雾器喷水淋洗除去稻株上的泥浆，扶正倒伏植株，促使其及早进行光合作用恢复生长。

②补施肥料，促进恢复。排除洪涝积水后，待稻株恢复生机，进行轻露田以增强土壤透气性和根系活力。叶尖恢复吐水功能后，再结合灌浅水补施肥料，促进水稻正常生长。以施速效氮肥（尿素）为主，并辅以磷钾肥。施肥量应根据稻株受害程度、稻田肥力和水稻所处生育期而定。处于分蘖期的稻田，

每亩可追施尿素 5 千克、氯化钾 5 千克，以促进幼穗分化，壮秆大穗；处于孕穗期的稻田，在破口前 3～5 天，每亩补施尿素 2.5 千克，可保花、促稻株多发白根；在抽穗 20% 时，喷洒赤霉素"920"可促进抽穗，防止包颈。抽穗后进行 1～2 次根外喷施磷钾肥等叶面肥；灌浆期，叶面可喷施磷酸二氢钾促进物质运转，有利于提高水稻结实率和千粒重。后期要坚持浅水湿润灌溉，以保持根系活力，提高结实率和粒重，弥补前面洪涝造成的损失。

③防治病虫害，科学用药。稻田受淹后，水稻易发生细菌性褐条病、白叶枯病、纹枯病。应根据当地病虫害发生特点和水稻长势长相，选择合适的农药和剂量进行防治（图 10），要在洗净稻叶后用药。细菌性褐条病、白叶枯病，可用农用链霉素 500～600 倍液喷雾防治。还可选用叶枯唑、消菌灵等封锁白叶枯病的发病中心；纹枯病防治可选用井冈霉素、纹枯清等药剂防治。

图 10　科学用药防治病虫害

④合理利用受淹水稻长出的高位芽，减少损失。对长江流域双季稻区早稻，长出的高位芽会明显延长生育期、影响晚稻

及时移栽。因此，要控制受淹早稻的高位芽；对不受季节限制的中稻，则要充分利用受淹中稻长出的高位芽，促使高位芽成穗，以弥补主穗产量的损失。

⑤割苗蓄留洪水再生稻，科学管理。受淹退水后，穗部已毁但根、茎仍存活的稻苗，及时割去地上已坏死部分，蓄养洪水再生稻。遭受洪涝危害后需要割苗蓄留洪水再生稻的情况有：退洪后3天左右，观察到稻田里绝大部分叶片的叶尖在清晨不挂"露珠"，根系生长基本正常，但不能正常扬花结实，说明稻株地上部分严重受害，应割苗蓄留洪水再生稻；稻株茎叶青绿直立，但稻穗呈水渍状、黄褐色，并开始腐烂发臭，表明稻穗已闷死，也要割苗蓄留洪水再生稻；退洪后5天左右，如观察到全田稻株倒数第3、第4、第5节位腋芽有80％左右显著伸长，也表明茎端稻穗严重受损、生长中心转移，需要割苗蓄留洪水再生稻。技术要点有：割苗蓄留洪水再生稻的田块，须排水后1周左右割苗；割苗的留桩高度15～25厘米、保留倒4芽，割苗后田间保持浅水层；稻株淹水后，光合作用受阻、根系的吸收力弱、养分消耗较大，割苗当天或割苗后1～2天内追肥，亩施尿素10～15千克或水稻专用复混肥40千克，及时补充养分；割下的稻草均匀放置行间，也能给稻田增加有机肥；再生稻生长期间，极易受病虫危害，要及时防治。采取以上浅水—湿润管理和加强病虫害防治，再生稻可获得较理想的产量。

⑥及时改补种，弥补灾害损失。可改种"早翻晚"，或选用生育期短的玉米、绿豆、甘薯、荞麦等秋杂粮品种或萝卜等蔬菜品种改种。改种"早翻晚"，即利用早稻品种感温性强的特性将其作为晚稻种植，实现迟播（栽）早熟。宜选用去年收的早稻种子，撒播或点播，播种后保持田间湿润，1叶1心时施"断奶肥"，建立浅水层，分蘖期采用浅水灌溉，中期分次

晒田，后期间歇灌溉，以有效防止倒伏。施肥要前期重追肥、中期控制用肥、后期补粒肥，同时要综合防治病虫草害；改种其他作物，要因地制宜，改种生育期尽量短的作物品种，尽量直播、早播，提高种植密度，适期成熟，不影响后茬作物。

（二）春小麦潮塌

1. 灾害症状　春小麦潮塌一般发生在河套灌区。河套地区年降水较少，每年秋季要进行灌溉为次年小麦播种提供底墒。如果秋季浇水量过大、过晚，封冻时水分冻结于土壤表层，形成"爬冰地"。次年春季气温稳定通过 0℃后，表层土壤迅速解冻，下层土壤尚未化冻，解冻土壤水分无法向下层渗透，致使表层土壤出现含水量饱和或过饱和状态，引起潮塌。同时，河套地区地下水矿化度较高，强烈的土壤蒸发将大量盐分带到表层，盐碱极易吸附水分，进一步增大表层土壤含水量，促进和加重潮塌。潮塌可持续 7～10 天，严重时造成河套地区 70%的小麦播种面积不能适时播种、播期推后 10～15 天，是限制河套灌区春小麦产量提高的主要灾害之一。

潮塌严重、持续时间长，可能导致春小麦播种面积减少，或导致春小麦播种延迟，在播种延迟达到一定时间后，春小麦所处的气候条件与其生长需要间出现偏差，制约其正常生长而导致减产。潮塌主要表现有：引起地表板结，造成小麦出苗不齐且出苗率下降；潮塌结束后，土壤化冻加深，引起冬小麦种子在土壤中的纵向分布范围扩大，这种深浅分布的差异使冬小麦出苗时间相差较大，在土层中过深的种子也可能因为营养消耗过多而不能出苗；由于晚播，在春小麦种子发芽时，一般气温相对较高而地温相对较低，会导致春小麦先发芽后长根，营养主要用于发芽，根系生长受到抑制、发育不良、数量少，麦株抗倒伏、抗旱、防早衰能力下降；根系发育不良使养分吸收功能下降，导致小麦植株瘦弱，在气候条件不良时或不能正常抽穗；由于播种延迟，其后各发育期都相应延迟，使春小麦分蘖、幼穗分化期、灌浆期等均处在相对高温长日照条件下，生长加快，分蘖期、幼穗分化期和灌浆期均缩短，导致分蘖减少、小穗和小花数减少，造成穗少、穗小、粒少，且千粒重下降，从而减产。

春小麦潮塌一般在 2 月下旬至 4 月中旬发生。造成潮塌灾害的气象原因是 3 月气温回升过快（如 3～6 天内日平均气温高于 5℃），或出现明显降水（3 毫米以上）。如果高温条件下出现降水，不仅加快潮塌发生速度，更会加重潮塌发生程度。不同类型潮塌发生发展的气象条件如下：

①稳定型潮塌。日平均气温稳定通过 1.0℃、低于 3.0℃，土壤解冻深度达 5～10 厘米，10～20 厘米土层的重量含水量在 24％以上时，土壤开始起潮；日平均气温稳定通过 3.0℃时，潮塌开始发展；日平均气温稳定通过 5℃时，潮塌进入盛期；日平均气温稳定通过 8℃时，土壤解冻深度已达 50 厘米以上，潮塌开始回落。

②雨水型潮塌。3 月中下旬，日平均气温在 1℃左右维持 3 天、并有 1 次小雨（1～3 毫米降水），或日平均气温在 0℃左右、且降水 ≥3 毫米时，开始起潮；在小到中雨（≥5 毫米降水）后，潮塌暴发；当日平均气温稳定通过 5℃时，潮塌进入盛期；日平均气温稳定通过 8℃时，潮塌开始回落。

③高温型潮塌。3 月，日平均气温高于 5℃以上 3～6 天后，土壤开始潮塌；该温度条件持续 7 天以上时，潮塌大面积发生、迅速发展；当日平均气温稳定通过 8℃时，潮塌开始回落。

④混合型潮塌。2 月下旬后，日平均气温在 0℃左右、并出现明显降水（降雪 ≥1 毫米或降雨 ≥3 毫米）时，开始起潮；

气温迅速上升到3℃且出现降水，潮塌进入盛期；当日平均气温稳定通过8℃时，潮塌开始回落。

2. 防抗技术 春小麦潮塌防灾减灾技术主要包括2个方面。

①适时秋浇，浇前翻地。首先，要根据气温及封冻期预报调整秋浇时间，将秋浇控制在封冻前10～15天结束；秋浇前要翻地，控制秋浇水量，做到浇后一昼夜地面无积水。秋浇后封冻前耙地松土，秋浇水下渗快，耕作层含水量减少，保持3～5厘米干土层，可减少潮塌发生。

②冬季磙地，适时早播。冬季磙地破坏表土毛细管，阻断水分上潮途径，也可抑制返碱和潮塌；在表土开始化冻、承载力尚强时，适当早播春小麦，以避免和减轻潮塌危害并增强酶的活性及根系活力。

（三）冬小麦涝渍

1. 灾害症状 据不完全统计，我国因涝渍灾害引起的小麦减产达小麦总产的20%～50%，多发生在长江中下游区，尤以春季涝渍灾害影响为重。受季风气候影响，每年3～5月是长江中下游地区阴雨多发季节，又恰逢冬小麦关键生育时期，且长江中下游稻麦轮作土壤黏重、通透性差，易发生小麦涝渍害。涝是土壤表面有积水，渍是耕层土壤水分饱和但表面无积水，又称之为"哑巴涝"。小麦在不同生育期对涝渍的敏感性不同。一般认为，小麦生殖生长阶段的涝渍对小麦的危害大于营养生长阶段，孕穗期涝渍对小麦产量的影响最大，其次是灌浆期和拔节期，苗期涝渍对产量的影响最小。

涝渍发生时，土壤中氧气含量快速下降，影响根系生长和养分吸收，造成气孔关闭、叶绿素分解，叶片早衰、光合作用下降，降低小麦体内光合产物积累，造成小麦减产甚至绝收。

①影响小麦根系生长。涝渍发生时，小麦根系处于缺氧状态，土壤中厌氧过程产生有机酸、有毒还原性物质等，根系生长环境恶化、活力下降，根系生长速度减缓、早衰、甚至部分坏死，水肥吸收能力减弱。

②影响小麦地上部生长。涝渍抑制小麦叶片伸展，降低叶面积指数和光能吸收能力，导致叶片黄化、早衰和脱落，使植株合成的干物质量减少，降低小麦株高。

③影响小麦生理生化过程。涝渍会引起小麦光合性能下降、干物质合成减少；同时，由于气孔关闭，小麦进行无氧呼吸，其效率低，产生能量仅为有氧呼吸的 $3\%\sim35\%$，麦株体内的储藏物质被大量消耗；无氧呼吸过程的代谢中间产物还会对细胞产生毒害，引起小麦细胞膜脂过氧化加剧，导致细胞变形或破裂；涝渍还导致小麦活性氧清除能力下降，内源激素失衡等生理生化变化，抑制花前贮存物质向籽粒的转运，影响小麦籽粒的灌浆和品质。

④减产。涝渍会降低小麦穗数、穗粒数和千粒重，使产量降低。不同生育期涝渍对小麦产量构成的影响存在明显差异，拔节期涝渍主要降低小麦穗粒数，灌浆期涝渍主要降低千粒重，孕穗期涝渍对小麦株穗数和穗粒数的危害大于灌浆期，对千粒重的危害大于拔节期。

2. 防抗技术　冬小麦涝渍防灾减灾技术主要包括 3 个方面。

①筛选品种，科学种植。选育耐渍小麦品种是防抗小麦涝渍的最经济、高效的方法；宽垄窄沟起垄种植能改善根际环境，促进根系发育，较平作种植更适宜根系生长，有助于缓解涝渍胁迫。

②及时排水，科学锻炼。在雨季来临前，要提早疏通沟

渠，提高农田的排水能力，田间出现积水后，要及早排水（图
11）；在小麦营养生长期进行渍水锻炼，能激活增强旗叶抗氧
化能力，提高后期小麦生殖生长期间对涝渍的抗性。

图 11　及时排水

③灾后喷施，科学用量。小麦遭受涝渍胁迫后，可叶面喷
施植物生长调节剂、补充叶面肥，来减缓涝渍对小麦的生理伤
害。喷施植物生长调节剂 ABA 可以显著提高叶片内超氧化物
歧化酶和过氧化氢酶活性，显著降低丙二醛含量及相对外渗电
导率水平，改善小麦对涝渍逆境的生理抗性，增加产量。喷施
ABA 和叶面肥能有效清除植物体内的活性氧，减轻膜脂过氧
化的程度，维持活性氧的平衡。

（四）玉米涝渍

1. 灾害症状　玉米是需水量大但又不耐涝的作物。当土
壤含水量超过最大持水量 80% 后，就会对玉米的生长发育产
生不良影响。玉米在不同发育阶段对涝渍害的敏感程度不同，
总体上看，玉米在开花前对涝渍反应较为敏感，苗期二叶期是

玉米对渍涝最敏感的时期。研究表明，玉米苗期淹水超过 2 天就会显著减产；其次是拔节期，而乳熟期及以后的涝渍对玉米生长影响较小。

玉米涝渍危害症状有：①玉米根系。土壤水分过多导致玉米根系缺氧，根系呼吸途径由有氧呼吸转变为以乙醇发酵、乳酸发酵、苹果酸发酵为主的无氧呼吸，产生乙醇、乙醛等有毒物质并积累，根系生长环境恶化，影响根系的正常发育和生长。短期淹水的玉米根系粗而短，根毛减少，根尖变褐，呈铁锈状，根系总长度、根系面积、根系体积均显著降低。随着洪涝时间的延长，淹水会刺激玉米苗基节部不定根原基的形成，大量具有更多的气腔的不定根能迅速取代因缺氧而窒息死亡的初生根，并且可以伸到水面，以吸收更多的氧气来维持玉米在淹水逆境下的生存能力。②玉米地上部生长。玉米遭受涝渍危害时，叶片叶绿素合成能力下降，叶绿素含量降低，叶片呈现出自下而上逐次变黄的衰老症状，叶片颜色变成紫色或紫红色，叶片数及光合作用有效叶片数减少，叶片光合作用降低，地上部分碳同化能力降低，干物质积累速度降低。③玉米生育期。由于根系活力下降减少了对养分的吸收，并且玉米受涝渍后存在一个滞长、缓苗期，因此涝渍后的玉米生长缓慢，生育期推迟。④玉米干物质分配。玉米苗期涝渍可推迟玉米抽雄和吐丝，导致光合同化产生的干物质更多积累在营养器官，使穗的形成和生长受到阻碍，穗在干物质总重中所占比例降低。⑤玉米产量及其构成。涝渍会导致玉米减产，减产幅度与受淹生育期、受淹程度、受淹时间长短有关。从玉米产量构成看，玉米生长前期涝渍主要减少穗行数和行粒数，因而减少穗粒数；生长后期的涝渍主要是降低穗行数及千粒重，并影响籽粒灌浆引起秃尖，从而引起穗重的降低。譬如，玉米苗期涝渍会引起开花晚、吐丝期推迟、灌浆期缩短，使玉米百粒重大幅度降低；拔节期涝渍主要减少每株粒数而减产；小花分化期涝渍主要减少植株粒数和千粒重。

2. 防抗技术　玉米涝渍防灾减灾技术主要包括 5 个方面。

①中耕松土，改善根际环境。当降水后，发现表土泛白时，及时中耕松土，破除土壤板结，增强土壤透气，改善根际环境，促进根系生长。

②排水降渍，及时扶苗。洪涝发生后，要尽快疏通田沟，排除积水，降低土壤湿度。及时扶正倒伏的玉米苗，壅根培土。

③合理施用氮肥，补偿生长。在玉米苗期降水过多、苗期易发生渍害的地区，要采取基肥和后期追肥相结合、且适当氮肥后移的管理策略，减少生育前期氮素的淋洗，保证玉米生育后期氮素供应，促进受涝渍玉米根系形态恢复和提高花后光合性能，对受涝渍后的玉米起到较好的补偿生长效应。

④叶面喷施，减缓影响。喷施亚精胺，可提高受淹后玉米叶片的光合性能，同时增强根系酶活性，有效缓解淹水对玉米叶片光合、根系生理及产量的影响；微量元素锌，也可以增强玉米耐涝抗渍能力。

⑤病虫害防治，科学用药。遭受洪涝后的玉米易发生大小斑病及玉米螟等病虫害，要加强防治。防治大小斑病，7～10天喷一次百菌清或甲基硫菌灵，连续 2～3 次；防治玉米螟，可在拔节期至喇叭口期用辛硫磷灌心；防治纹枯病，可喷井冈霉素或多菌灵，喷药时要重点喷果穗以下的茎叶。

（五）棉花涝渍

1. 灾害症状　棉花是一种耐涝性差的作物。受亚热带季风气候的影响，在我国南方地区，棉花生育期内降水集中、雨量大、历时长，特别是长江中下游地区，由于地下水位过高或土壤排水不良，暴雨过后经常发生涝渍灾害。据统计资料，安徽、江苏、湖北有 3/4 的年份，棉花因涝渍灾害而严重减产。棉花各生育期对于涝渍胁迫的敏感性从高到低依次为：花铃期、蕾期和吐絮期。洪涝淹水会促使棉花植株体内产生大量无氧呼吸产物，造成代谢紊乱，阻碍矿质养分的正常吸收；导致光合速率与叶绿素含量和叶片相对含水量降低，干物质、氮素的积累与运转减少；同时也降低了光合产物向根系的分配比例，棉花植株根变细、活力下降，生长受到抑制，生物量和产量均下降。

遭遇涝渍的棉花，由于根系缺氧，厌氧环境促进了乙烯和脱落酸的生成与积累，这些物质促进叶片衰老和气孔关闭。随着淹水时间延长，与光合作用相关的酶活性逐渐降低，叶绿素含量下降，叶片早衰、脱落死亡，绿叶面积减少，导致光合作用减弱，棉花正常的生理代谢受到严重阻碍，各器官生长受到抑制或损伤。形态表现为根毛减少，根尖变黑，根系中上部开始发生少量乳白色的短根，受灾严重的则造成根系变黑腐烂；叶色变黄，植株萎蔫，株高生长及出叶速度减慢，花位上升。随受灾时间延长，被淹水的绿叶及果枝腐烂，蕾铃脱落，结铃停滞，棉纤维增长速度减慢，棉花不孕籽增多，严重影响成铃数、铃重和衣分；淹水处主茎变色、红黄比增大、褐化、发黑并逐渐膨大、肥肿、溃烂以致死亡。

2. 防抗技术　洪涝后，只要棉株茎尖仍保留绿色，采取积极的栽培措施可使棉株恢复生长。棉花涝渍防灾减灾技术主要包括 6 个方面。

①排水洗叶，减轻灾害。排除棉田积水和耕层滞水是减轻洪涝灾害的首要措施，以减少对棉花根系的伤害。同时，对倒伏棉株及时扶正，培土护根，洗叶清污。

②松土壅根，促进生长。水涝会引起棉田土壤板结，不利于排水后棉株根系的生长恢复。排水后 1 周左右，及时松土壅

根，增加土壤通透性，降低湿度、提高地温、改善理化性质，减少无效养分的消耗，促进棉花发根和根系下扎。

③科学追肥，适量用药。排水后，在受淹棉株萎蔫消除、根系吸收能力开始恢复时，采取叶面喷肥和根部追肥相结合的办法补肥。尤其花铃期是棉花需肥最多的时期，要重追花铃肥，每亩追施尿素 10～25 千克和钾肥 7～10 千克，打顶后每亩再施尿素 10 千克作补桃肥。叶面喷肥可用 2％的尿素、磷酸二氢钾、多元微肥、调节剂等混合喷施，3 天喷一次，连续喷 3～4 次。

④合理化控，科学调控。棉株恢复正常生长后，每亩用缩节胺 3～5 克兑水 35 千克喷雾；打顶 5～7 天后，每亩用缩节胺 4～5 克兑水 50 千克喷雾，可调节棉花的节间与株高，协调棉株地上部与地下部的生长，塑造理想株型与群体结构，减少田间荫蔽和脱落，增加现蕾成铃，控制无效花蕾，抑制赘芽生长。

⑤推迟打顶，加强整枝。涝渍可能导致棉花生育期推迟，比常年推迟 7～8 天打顶比较适宜。涝渍淹水后的棉株恢复生长后，原果枝以下的各叶节潜伏的腋芽发育成叶枝，同时主茎果枝叶节上的潜伏芽也生长较多的赘芽，要加强整枝，减少养分的无谓消耗，保证后期结铃有充足的养分基础。

⑥加强病虫害防治，减轻灾损。涝渍后的棉田，尤其要重点防治棉花枯黄萎病、伏蚜、红蜘蛛、盲蝽、棉铃虫等。

（六）油菜涝渍

1. 灾害症状 油菜在我国主要分布在以黄河流域上游为中心的春油菜区，以长江流域为中心的冬油菜区，长江流域油菜种植面积占我国油菜总面积的 85％左右，主要采取油菜与水稻的轮作。长江中下游地区特别是平原湖区，地势平坦，土壤黏重，地下水位高，加之该产区秋、冬、春三季湿润多雨，遇强度大的降水或长时间连阴雨时，排水不畅比较突出，因此该油菜产区经常发生涝渍灾害。如湖北的江汉平原和安徽的淮河以南区域，常年春季降水比同期油菜的需水量偏多40%～60%，且常出现持续阴雨、光照不足、空气湿度大的天气条件，是油菜涝渍灾害的主要发生区域。油菜在不同生育时期对涝渍害的反应不同，以产量为指标，油菜对涝渍危害的敏感性依次为蕾薹期、花期、苗期、角果发育期和成熟期。

油菜涝渍危害症状主要有：①根系缺氧伤害。涝渍导致油菜根系缺氧，无氧呼吸产生的乙醇、乙醛等有毒物质，对根系产生严重毒害作用；缺氧引起根系主动吸收矿质营养的能力下降，导致生长缓慢；涝渍严重时不但根系受损、水分吸收减少，还会造成地上部分缺水形成生理性干旱，对植物生长代谢造成严重伤害。②生理生化紊乱。涝渍发生时的厌氧环境条件下，油菜对钾离子吸收减少，加之植株体内 ABA 含量的增加，诱导气孔关闭，油菜叶片的蒸腾作用降低，许多叶片发生萎蔫；气孔关闭后，CO_2 扩散的气孔阻力也增加，羧化酶活性逐渐降低，叶绿素含量下降，叶片早衰和脱落，油菜的光合速率迅速下降，光合产物的运输速度也有所减慢；涝渍条件下，油菜叶片光呼吸途径中酶的活性升高，呼吸作用加强；油菜体内分解大于合成，储藏物质被大量消耗，缺氧较轻时植株因饥饿而死亡。缺氧较重时，则因蛋白质分解，原生质结构遭受破坏而死亡。③生长发育受到抑制，油菜产量、品质显著下降。油菜种子在萌发过程中遭遇涝渍，会出苗缓慢，甚至死苗，影响出苗率；苗期涝渍，可导致油菜根系发育不良甚至腐烂，外层叶片变红，叶色灰暗，心叶不能展开，幼苗生长缓慢甚至死苗。部分存活的根颜色为褐色，柔韧性下降，根毛少，在发芽后期长出新的不定根；抽薹期遭遇涝渍，缺肥的油菜叶小、茎细。足肥，特别是施大量氮肥的油菜，往往叶大而凹凸，茎青而发扁，形成早封行、短柄叶高大、菜心位置低下，看相好但病害重、产量低；花果期遭遇涝渍，黄叶多，分枝部位提高，主花序变短，花器脱落，角果发育受阻，结实率降低，千粒重降低，产量下降。

2. 防抗技术　油菜涝渍防灾减灾技术主要包括 3 个方面。

①田间内外三沟配套，科学防控。深挖主沟和围沟，深沟高畦，三沟配套，保证主沟和支沟畅通无阻，田无积水，为油菜生长营造良好的水土环境。外三沟的隔水沟深要在 100 厘米以上、导渗沟深 120 厘米以上、大排沟深 150 厘米以上；油菜田的内三沟，围沟深度一般在 50～80 厘米，腰沟和厢沟深度一般为 30 厘米。

②选种锻炼，科学壮苗。在涝渍易发的稻茬油菜种植区，要选种抗渍高产优质油菜；对于免耕油菜，适时早栽，可充分利用入冬前的光温资源促进油菜苗发根增叶，壮大营养体，壮苗具有根冠比值小、叶绿素含量高、营养积累多、灾后恢复快、抗性强的生理基础。

③科学用肥和化控，增强植株抗性。涝渍会导致油菜田氮肥的淋失以及油菜对氮素的利用效率下降，适量增加氮肥施用量，可增强油菜的氮代谢和光合作用，有利于油菜生长和产量提高。在追施氮肥的基础上，适量补施磷钾肥，增加植株抗性。发生涝渍的油菜田，喷施 0.02 毫克/千克的芸薹素内酯和 6.7 毫克/千克的复硝酚钾等植物生长调节剂，可降低减产幅度。

（七）香蕉洪涝害

1. 灾害症状　香蕉蒸腾作用旺盛，需水量大，但香蕉的根为肉质根，呼吸作用强，需要疏松透气的土壤环境，不能受浸、怕涝渍。洪涝灾害对香蕉的危害主要表现在：香蕉根系变黄，缺氧坏死，变黑腐烂，根系吸收能力下降或丧失；香蕉叶片的光合作用会大大减弱，整个香蕉植株的长势也会严重变弱；蕉株水分和养分供求失去平衡，叶、茎、果得不到水分和养分，不但无法生长发育，严重失水时还会凋谢枯萎；灾后，由于香蕉植株长势弱、抗性降低，在蕉园高温高湿的环境条件下，易暴发流行叶斑病、黑星病、炭疽病、黑疫病、叶鞘腐烂病、假茎腐烂病和烂头病等。

2. 防抗技术　在香蕉种植中，要选择排灌良好，肥沃的田地起畦种植。定植后，要注意防旱避渍，尤其是试管苗，尤为怕旱，定植后要全期保持湿润，做到薄肥勤施，田间持水量要保持在80%左右，但切忌畦面积水，雨季要及早开好排水沟，及时排水防涝。香蕉洪涝防灾减灾技术主要包括5个方面。

①清除园内积水，科学管理。对发生洪涝灾害的香蕉园，也要及时清理疏通排水沟渠，排除积水，缩短受浸时间。洪水退后，结合清理畦沟进行整地、松土、除草。

②整理蕉园，促进生长。扶正被洪水冲倒、冲歪的植株，对仍能正常生长的植株，用支架支撑，培土好，防止再次倒伏。清洗受害蕉苗叶片上的淤泥，及时割除下部黄老病叶、枯叶，并清出园外，促进通风降湿，同时还能减少植株的失水量，防止植株出现失水现象。幼果、壮果期的植株，多数叶片被折断或叶片被吹裂呈丝状的，应考虑适量疏果。受灾较轻的香蕉园可用蕉叶、稻草、遮光网等覆盖畦面，保持土壤湿润，加快根系生长。

③及时喷药，防治病害。洪涝灾后，蕉园高温高湿的小环境为香蕉叶斑病、黑星病、炭疽病和黑疫病等病害的发生流行提供了适宜的条件。灾后，香蕉叶片由于吸水过多等原因倒

垂，叶鞘部位会有大量菌体滋生，导致叶鞘腐烂病的发生，引起叶鞘腐败、变黑、发臭。用 25％势克（有效成分是苯醚甲环唑）1 500 倍液＋44％菲格精甲霜灵 800 倍液＋2％加收米（春雷霉素）500 倍液喷香蕉叶片和假茎 2～3 次（15～20 天喷一次），可以一并防治香蕉叶斑病、黑星病、炭疽病、黑疫病和叶鞘腐烂病；对于有假茎腐烂病和烂头病的蕉园，除了用上述配方喷雾叶片外，再用 2％加收米 200 倍液＋47％加瑞农（由春雷霉素和氧氯化铜两种有效成分组成）300 倍液，喷淋或涂抹假茎和蕉头 2～3 次，每次间隔 7 天。

④化控追肥，科学用量。灾后，用爱沃富或绿得钙 800～1 000 倍液叶面喷雾可促进蕉株提高叶片的光合作用，恢复长势，促进新根的萌发和新叶抽出，增强植株的抗逆能力。待香蕉恢复生长发出新根后，再追施根肥，加强养分供应。

⑤及时改种，确保收益。对洪涝后绝收的香蕉园，建议改种短期冬季瓜菜，如辣椒、冬瓜等。

防抗作物热害技术

一、基本概念

(一) 热害

热害指由于高温引起植物生长不适,对植物生长发育和产量形成过程造成不利影响的事件,导致植物生长受阻、产量下降、品质变差、器官受损或植株死亡。根据发生季节不同,高温引起的灾害主要包括夏季高温热害、秋末冬初的高温危害和暖冬害。高温对农业作物生产形成伤害的原因,主要是温度升高超过一定阈值时植株叶片中叶绿素失去活性,阻滞光合过程的进行并降低了光合效率。同时,叶片中的光合产物输送到穗、粒、果实的能力下降,酶活性也降低,使得灌浆期缩短、籽粒不饱满,导致产量下降;温度异常偏高还能使植物细胞蛋白质变性、细胞膜失去半透性,损伤植物组织器官导致作物减产或死亡。

(二) 高温逼熟

高温逼熟,是高温天气对成熟期作物产生的热害。长江中下游及以南区域的水稻,尤其是早稻的灌浆期正值盛夏 6 月下旬至 7 月上旬高温时段,常遭其害。水稻开花灌浆期间的高温天气持续一定时间后,导致花粉粒破裂不能授粉,造成空粒;灌浆期缩短提早成熟、千粒重下降、秕粒率增加;在品质方面,稻米粗脂肪含量下降、粗纤维含量升高,垩白度则显著上升，导致稻米品质等级和口感下降。华北和长江流域的棉花开花结铃期时，当日最高温度达到 34～35℃后，棉花的花、铃大量脱落。华北地区的小麦在灌浆期遭遇高温，尤其是雨后骤晴的高温天气，当温度超过 28℃后，小麦停止灌浆、植株早衰提前成熟、粒重减轻、产量下降。

（三）暖冬害

暖冬是指某年某一地区冬季（12 月至次年 2 月）平均气温高于气候平均值。暖冬并不是整个冬季的气温都偏高，其间也可能出现较为寒冷的天气，但就整个冬季而言，暖冬的时间和强度都比常年要多要大。暖冬对农业生产的危害主要表现在，可能导致越冬作物（如油菜、小麦等）生育进程加快，过早进入营养生长与生殖生长并进期，因抗寒力减弱而导致作物遭受晚霜或冻害的危害加重；同时，暖冬加快了害虫的发育和繁殖速度，繁殖代数将增加，主要农作物病虫越冬基数增加、越冬死亡率降低、次年病虫害发生加重，造成病害发生期提前、危害期延长、危害程度加重。

（四）干热风

干热风是高温、低湿并伴有一定风力的一种灾害性天气，俗称"火风""旱风""热南风"或"南洋风"。它具有干、热、风 3 个气象要素特征，低湿、高温引起作物干旱和热害，风加重其危害程度。主要危害小麦，有些地方还会危害棉花、水稻等作物。干热风天气的危害机理，主要是通过持续的高温、低湿和风加剧植物蒸腾失水，减弱根系活力，使植株含水量下降导致水分失衡；降低叶绿素含量，叶片光合作用减弱；高温还损伤细胞膜透性，使植物筛管细胞原生质解体，影响有机质的输送，使植株的灌浆过程趋于停止；高温还可能会促使细胞原生质蛋白质分解为氨等有毒代谢中间产物，在植株体内积累产生毒害。

（五）日灼

日灼是过强的太阳辐射直射到果树枝干和果实上引起增温，造成的对果树的一种热害，亦称"日烧"或"灼伤"（图12）。在柑橘、苹果、梨和桃等常见果树上均可能发生日灼，主要危害果树的枝条皮层和果实，其危害程度随果树种类、树龄、部位及太阳辐射直射时间长短不同而有很大差异。根据发生的季节不同，日灼可分为夏季日灼和冬季日灼。夏季日灼常在干旱条件下发生，夏季灼热的阳光直射在果树枝干或果实的向阳面引起剧烈增温（如超过38℃）和蒸腾失水，由于水分供应不足打破植株水分平衡导致作物干旱，受害果树枝条表面呈现裂斑，果实上出现淡紫色或淡褐色的干陷斑，严重时发生裂果。夏季日灼的危害实质是高温和干旱失水的综合影响。冬季日灼一般发生在隆冬或早春，白天阳光直射引起果树枝干向阳面温度升高，升温到0℃以上后，原本处于休眠状态的细胞

图12　果实日灼

解冻；夜间随着气温下降（降至 0℃以下时），解冻的细胞内又出现结冰。这一冻融交替作用导致果树枝干皮层细胞死亡，树皮表面出现浅红紫色块状或长条状日烧斑，严重时树皮脱落，易发生病害，导致果树树干朽心。

二、防抗作物热害

（一）水稻高温热害

1. 灾害症状 当水稻生产环境的温度高于其生长发育的最适温度时，就会不利于其干物质生产甚至导致产量下降。由于全球气候变暖，我国水稻夏季高温热害频繁发生，成为水稻生产的主要灾害性因素之一，主要影响长江流域及以南的早稻或中稻。在水稻的整个生长发育过程中，以开花期对高温最敏感，灌浆期次之，营养生长期最小。水稻高温热害在不同的发育时期表现不同，营养生长期发生高温热害，水稻生长受到抑制，会发生叶片失绿、变白和畸形等症状，分蘖减少，株高增加缓慢；穗分化期发生高温热害，会降低花药开裂率及花粉育性从而降低结实率；抽穗开花期发生高温热害且超过 1 小时，会导致水稻不育，高温热害导致花粉粒破裂，失去授粉能力，造成空粒。特别是，水稻开花当天适逢高温，最易诱发小花的不育性，从而造成受精障碍，进而导致结实率下降而影响产量；灌浆期发生高温热害，会影响颖花发育、柱头活性、干物质转运和花粉育性，使灌浆期缩短，光合速度和同化产物积累量降低，秕谷粒增多、千粒重和结实率的下降，引起明显减产。此外，还引起水稻整精米率下降，支链淀粉的精细结构发生改变，导致稻米品质变劣。

水稻高温危害已成为生产中的一个重大问题，尤其在长江流域 7 月中旬至 8 月中旬常受副热带高压控制，容易出现持续高温天气，而此时正处于中稻孕穗和抽穗开花的敏感时期；7月也是长江流域的早稻灌浆期。一般认为，在 7 月下旬至 8 月上旬遭遇连续 3～5 日以上平均气温≥30℃、日最高气温≥35℃、同时极端最高气温≥38℃、相对湿度≤70％的天气，会使水稻孕穗后期的部分颖花发育畸形，影响扬花水稻花药开裂及花粉活力，抑制花粉管伸长，造成受精不良、结实率降低，从而造成减产或严重减产。此外，水稻在生长发育不同阶段对温度的要求不相同，因此发生高温热害的临界温度在不同生育期也有差异。水稻在抽穗前后各 10 天对高温最敏感，开花期发生高温热害的日平均临界气温在 30℃，孕穗期和抽穗期如遇持续 3 天以上 35℃左右的高温以及盛花期遇到 36～37℃高温，均会发生严重的高温热害。并且，高温热害对不同类型水稻的影响也存在差异，杂交稻对高温的敏感性要高于常规稻，受害更严重；粳稻受高温热害较籼稻重；同一类型早熟品种比晚熟品种不耐高温。

2. 防抗技术 水稻高温热害的防灾减灾技术主要包括 5 个方面：

①因地制宜，优选品种。水稻品种不同，其抗高温热害的能力也有高低，如汕优系组合比特优、协优系列组合抗性强。各地要根据当地的气候和品种条件，选用丰产且抗高温品种及组合。较抗高温热害的水稻品种有金优 527、协优 729、怀优725、汕优 559 和国丰 1 号等。双季稻产区，早稻可选用抗高温力较强的品种，并同早熟高产品种合理搭配，利用抗高温品种减轻对灌浆结实的伤害，利用早熟高产品种避开高温季节。

②播期调整，适时播种。调整播期，适时播种，以避开高温时段，尤其是使水稻抽穗开花期避开高温天气频发时段。长江中下游地区高温一般是在 7～8 月。早稻可选择早熟或偏早熟品种，在热量较充足的地方可适当提早播期，早播早栽和采

用塑料薄膜保温育秧，让水稻在 6 月底至 7 月初抽穗，高温来临前完成乳熟，7 月中、下旬黄熟收割，提前成熟，避开灌浆期高温危害。中稻种植区应根据当地高温发生情况，将中稻开花期安排在高温集中时段之后，如长江中下游地区，最好在 8 月中旬后抽穗扬花，设法避开水稻在 7 月下旬至 8 月上旬高温伏旱时抽穗扬花，因此要将播种时间由原来的 4 月上旬推迟到 4 月下旬至 5 月上中旬，控制秧龄 30～35 天，可避开或减轻高温热害的发生。

③以水调温，减缓灾情。灌溉是水稻生产主要的措施之一，掌握好稻田的水层管理，通过土壤水分来调节环境温度，能有效地减轻高温天气对农作物的危害。水稻处于抽穗扬花等高温敏感期，如遇可能形成热害的高温，可浅水勤灌、日灌夜排，适时落干（但要防止断水过早），促进根系健壮，增强抗性防早衰；在水稻灌浆结实期遇到高温，稻田需要灌深层水，以降低水稻冠层温度，减轻高温对水稻的伤害；结实期高温胁迫下，也可用轻干湿交替灌溉，以促进籽粒灌浆，使作物籽粒饱满，提高结实率、粒重和产量，同时可以增加精米率和整精米率，显著改善稻米品质。试验表明，35℃以上高温时，稻田水层保持在 6～10 厘米深，能降低稻穗周围温度 1～2℃、提高空气相对湿度 10%～15%。条件允许的地方，在高温时段稻田可不时进行喷灌，以改善田间小气候，保护水稻不受高温热害。喷灌后田间气温可下降 2℃以上，相对湿度增加 10%～20%，持效 2 小时。

④科学施肥，增强抵抗力。合理施肥，可调整水稻抵抗高温的能力。适量多施有机肥可提高和缓解高温热害对水稻的不良影响；多施、重施或偏施化学氮肥，如水稻施用氮肥过多，会大量消耗碳水化合物，降低水稻对高温热害的抵抗力，加重热害的发生。要重视平衡施肥，研究表明氮、五氧化二磷和氧

化钾的用量比为 1：1.5：2 时，水稻结实率最高；在可能发生高温热害的年份，氮、五氧化二磷和氧化钾的用量比在 1：(1.13～2.27)：(1～3) 时，水稻的抗高温热害能力明显提高；水稻孕穗期如受高温热害较轻，可在破口期前后 2～3 天各追施 1 次粒肥，同时每亩撒施尿素 4～5 千克，以恢复和加速稻株灌浆结实；在水稻花期每亩施 0.2%～0.3% 的磷酸二氢钾 50 千克，可减轻高温伤害，并兼治病虫害。同时，叶面喷施也可减缓高温影响。高温热害发生前的 3～5 天或发生高温热害时，每亩水稻用 0.2% 磷酸二氢钾溶液或 2% 过磷酸钙澄清液 50 千克喷洒叶面，连喷 2～3 次，每次间隔 6～7 天，有显著的减轻高温热害的作用；也可用硫酸锌 1.5 千克/公顷、食盐 3.75 千克/公顷或磷酸二氢钾 1.5 千克/公顷兑水喷施叶面，共喷 2 次，每次间隔 6～7 天，能够增强稻株的抗高温能力、提高结实率和千粒重；或在高温出现前喷洒浓度 50 毫克/千克的维生素 C 或 3% 的过磷酸钙溶液，都有减轻高温伤害的效果。

⑤割茬蓄养再生稻，及时补救。对在抽穗扬花期已经遭受高温热害、减产严重的稻田，如果结实率在 10% 以下、亩产不到 100 千克，可割茬蓄养再生稻。

（二）小麦干热风

1. 灾害症状　小麦干热风是危害我国北方麦区的主要农业气象灾害之一，一般年份会造成减产 5%～10%，严重年份减产 20%～30%。小麦干热风是指在小麦扬花灌浆期间出现的一种高温低湿并伴有一定风力的灾害性天气，可使小麦水分代谢失衡，严重影响小麦各种生理功能，千粒重明显下降，导致显著减产。我国小麦干热风灾害主要有高温低湿型、雨后青枯型和旱风型 3 种。

①高温低湿型干热风。在小麦开花和灌浆过程中均可发生，发生时麦株蒸腾加剧、旗叶损伤、根系活力减弱，表现为芒尖干枯炸芒，颖壳呈灰白色或青灰色，叶片卷曲凋萎。这类干热风发生的区域广，能造成小麦大面积干枯逼熟甚至死亡，对小麦产量威胁很大。

②雨后青枯型干热风。一般发生于乳熟后期，雨后猛晴、温度骤升、湿度骤降，不仅造成植株细胞生理失水，并且有害的氮代谢产物在植株内累积，导致麦株无法正常落黄，外表即表现为青枯，小麦灌浆停止。其所造成的危害比高温低湿型干热风更加严重。

③旱风型干热风。危害症状与高温低湿型类似，且由于大风加剧大气干燥度、蒸散失水剧烈增加，致使麦叶卷缩呈绳状或叶片撕裂破碎，主要发生在新疆地区和西北黄土高原的多风地带，在干旱年份出现较多。

干热风发生在小麦不同生育时段，对小麦造成的损伤、对产量的影响差异明显，小麦灌浆期发生的干热风的危害超过开花期干热风的影响。小麦开花期发生干热风，会使花药破裂，不能进行正常授粉，增加不实小穗数，穗粒数减少；小麦灌浆期发生干热风则使灌浆速度减慢，甚至停止灌浆，导致籽粒逼熟，造成籽粒瘦秕、粒重下降，显著降低产量，尤其灌浆中后期发生的干热风的减产效应要大于灌浆初期的干热风。

小麦干热风主要发生在 5～7 月的华北平原、河套平原、河西走廊及新疆盆地。高温、干旱和强风力是干热风害的主要成因，3 个条件缺一不可。高温低湿型干热风在小麦扬花灌浆过程中均可发生，其特点是高温低湿，干热风发生时温度猛升、空气湿度骤降、伴有较大风速，且温湿度昼夜变化不大，白天干热难忍，夜间继续维持干热。高温低湿型干热风发生在日最高气温高于 30℃、14 时空气相对湿度降至 30％以下、14

时的风速大于 3 米/秒。雨后青枯型干热风一般发生在乳熟后期，即小麦成熟前 10 天左右，发生时的天气特点是先有一次阵性降水过程或长期连阴雨后，天气猛晴、温度骤升、相对湿度剧降，一般雨后日最高温度超过 27℃、14 时空气相对湿度降至 40％以下，即造成小麦青枯死亡。旱风型干热风在小麦扬花灌浆期间均可发生，其特点是风速大、且与一定的高温低湿组合。旱风型干热风发生日的 14 时风速高达 14 米/秒以上、14 时空气相对湿度小于 30％、日最高温度高于 25℃。

在生产实践中需要注意的是，干热风发生的天气条件在区域之间有差异，要结合当地的气候条件进行预判。例如，黄土高原旱塬区干热风天气的阈值可采用日最高气温高于 30℃、14 时空气相对湿度降至 30％以下、14 时的风速大于 3 米/秒，而黄淮海地区，当日最高气温高于 32℃、14 时空气相对湿度降至 30％以下、14 时的风速大于 2 米/秒即可认为达到干热风发生的天气阈值。

2. 防抗技术　小麦干热风防灾减灾的主要技术包括 5 个方面：

①因地制宜，优选抗逆品种。在干热风害经常出现的麦区，应注意选择抗逆性强的早熟品种。试验表明，春小麦的高中秆品种比短秆品种，长芒品种一般比无芒或顶芒品种，穗下茎长的品种较穗下茎短的品种抗逆性强；选用早熟品种或适时早播，培育壮苗，争取小麦早抽穗、早成熟以躲避高温。

②抗旱剂拌种，增强防御能力。在干热风害经常出现的麦区，用一定浓度的抗旱剂和麦种拌匀后晾干播种，可在一定程度上防御干热风的影响。

③适时灌溉，科学防控。灌溉可降低麦田温度、提高田间湿度，适时浇好灌浆水、麦黄水，可确保小麦生育后期对水分的需求，是控制干热风危害的最有效措施。试验表明，麦田后

期经过 1 次灌溉可降低地表温度约 3℃，提高小麦株间土壤相对湿度 4％～5％。灌浆水要在小麦开花初期进行，麦黄水宜在乳熟期至蜡熟期进行，同时要避免在大风天气浇水，以防灌溉后由于大风导致麦株倒伏；灌溉量以水分达到耕层为宜。但如果麦田本来就高肥水，则不宜浇麦黄水，易导致烂根。

④喷施叶面肥或植物生长调节剂，改善麦株营养。喷施叶面肥或植物生长调节剂，可改善麦株营养状况，加速灌浆增加籽粒饱满度，提高植株抗逆性能，有助于防御干热风危害。例如，在小麦拔节期至抽穗扬花期可喷洒 10％～20％草木灰溶液 1～2 次，在孕穗期至灌浆期喷洒 0.3％的磷酸二氢钾 2 次，两次间隔 7 天，可以改善小麦的生理机能，增强对干热风的抵抗能力；在小麦孕穗至开花期喷施三十烷醇 2 次，在小麦开花灌浆期，喷施环烷酸钠（石油助长剂）2 次，间隔 7 天，可增加叶片叶绿素含量、增强光合作用，促进植株新陈代谢、增加植株活力，增强对水肥的吸收，提高抗干热风危害的能力；在小麦灌浆前，喷施萘乙酸，也能防御干热风，增加千粒重。

⑤营造农田防护林，减缓干热风危害。加强农田林网化建设，在麦田的周围建造防风林，不仅可以有效降低干热风的强度，还可以增加麦田空气湿度、降低温度，从而减轻干热风造成的损伤。

（三）玉米高温热害

1. 灾害症状　玉米是喜温作物，但当外界温度超过其生长的最适温度时，仍会产生热胁迫，导致玉米减产。高温首先影响玉米的光合作用速率。高温条件下，玉米光合蛋白酶活性降低，叶绿体结构遭到破坏、引起气孔关闭，从而减弱光合作用；同时，高温条件下呼吸消耗增强，导致干物质积累明显下降。高温还会影响玉米花粉和花丝的生长发育，造成不育，直观表现为结实率降低，出现秃尖、缺粒等异常果穗而减产。玉米高温热害一般分为3种：即延迟型危害、障碍型危害和生长不良型危害。①延迟型危害大多发生在苗期至抽雄期，指在玉米生长发育过程中，较长时间受到不同程度的高温危害，使酶活性减弱，光合作用受阻，导致营养生长不良、器官形成变慢和生长发育迟缓。②障碍型危害一般是在玉米的孕穗期至籽粒形成期遭受异常高温，使玉米生殖器官受到损害，造成不育、不孕，授粉结实不良，形成秃顶、缺粒、缺行等果穗，甚至果穗不结实而造成空秆，造成的减产较大。③生长不良型危害是由于营养生长阶段的长期高温，导致玉米植株高度降低、叶片数减少、秸秆细弱、果穗变小，穗短行少、穗粒数少，但成熟期没有明显延迟，千粒重也影响不大，主要因为粒数少、长势弱而减产。

玉米高温热害指标为高于32℃的气温就将对玉米生长发育造成影响；营养生长期33℃时玉米出叶受高温轻度危害；出叶速率开始下降；36℃时受中等危害；出叶速度明显下降；39℃时会严重阻碍出叶。玉米处于不同生育期，发生热害的温度阈值有差异。一般而言，玉米苗期最耐热，生殖生长期次之，成熟期最不耐热。以中度热害为例，对玉米产生高温危害的温度指标在苗期为36℃，生殖生长期为32℃，成熟期为28℃。如果玉米生长后期遭遇干旱，温度高于25℃时就会出现高温逼熟而减产。

2. 防抗技术 玉米高温热害主要防抗技术包括6个方面：①针对不同地区，优选抗高温品种。不同的玉米品种抗高温热害的能力差异很大，在易发生高温热害地区，要选用抗高温的品种，推广早熟、高产、抗逆性强的紧凑型玉米杂交种。如黄淮海地区的主栽玉米品种中，浚单20为耐热玉米，而驻玉309为热敏感品种；在河南省新乡市当地主推玉米品种中，浚单 29、隆平 206、伟科 702 综合性状较好，可作为玉米耐抗高温危害品种进行推广；山东主推玉米品种中，郑单 958、鲁单 818 和中单 909 耐高温，农大 108 为中度耐高温，登海 605 和农华 101 则为高温敏感型品种。另外，如津农 5 号、津夏 7 号、本玉 12 号、豫玉 15 号等，对高温热害大都具有很好的抗性。

②调整播种期，避开高温影响。调查发现，在高温热害易发和常发地区，采取提前播种或推迟播种等措施，春播玉米可在 4 月上旬适当覆膜早播、夏播玉米可推迟至 6 月中旬播种，使玉米对高温敏感的生育期（尤其是开花授粉期）避开易发生高温热害的时段，以减轻或规避热害风险。在黄淮海地区夏播玉米散粉期高温热害胁迫较重的地区如河南省平顶山市、信阳市等地，播种提前 7 天授粉，可显著减少玉米花期与高温时期的重叠，降低花期高温热害可能造成的产量损失。播期调整需要注意该地区的夏播玉米与前后茬轮作的茬口是否紧张，有多少天可供提前播种。

③改变栽培模式，增强植株抗性。田间观测表明，采用不同品种玉米合理混种能通过品种间花期互补延长 3～5 天，提高玉米结实率，增强植株抗性，可在一定程度上减弱高温热害的影响；适当降低种植密度，个体间争夺水肥的矛盾较小，个体发育较健壮，抵御高温伤害的能力较强，能够减轻高温热害；如果种植密度较高，则可采用宽窄行种植，以改善田间通风透光，增加对高温伤害的抵御能力。

④人工辅助授粉，减缓高温危害。玉米是异花授粉的植物，高温使玉米的自然散粉、授粉和受精结实能力均有所下降。如遇持续高温天气，可采用竹竿采粉涂抹等方式人工辅助授粉。一般在早上 8～10 时采集新鲜花粉（图 13），用自制授粉器给花丝授粉，花粉要随采随用，使落在柱头上的花粉量增

加，增加选择授粉受精的机会，减少高温对结实率的影响，提高结实率以增产。

图 13　花粉采集

⑤适时喷灌水，增强抗高温能力。喷灌水不仅补足土壤水分，也可降低田间温度，改变农田小气候环境。浇水灌溉，提高土壤湿度，可使玉米田间温度降低 2～3℃，而玉米叶面喷灌的降温幅度可达 1～3℃；同时，喷灌水后玉米植株充分吸水，蒸腾作用增强、冠层温度降低，可有效降低高温胁迫程度，有利于玉米正常开花、授粉及结实，促进籽粒灌浆。

⑥科学追肥，施加外源调节物。重视微量元素的施用，以基肥为主，追肥为辅；重施有机肥，兼顾施用化肥；注意氮、磷、钾平衡施肥（比例为 3：2：1）。中微量元素锌、铜、硼等对玉米生殖器官发育有良好的促进作用，特别是锌、铜元素能增强花丝和花药的活力及抗高温和干旱的能力；微量元素可作为基肥施用，也可在喇叭口期叶面喷洒，既有利于降温增湿，又能补充作物生长发育必需的水分及营养，但喷洒时须增加用水量降低浓度；叶面喷施脱落酸（ABA）也可提高植株

的耐热性；玉米没有追施穗肥及缺肥的田块，可用尿素、磷酸二氢钾水溶液及过磷酸钙、草木灰过滤浸出液于玉米破口期、抽穗期、灌浆期连续进行多次喷雾，增加穗部水分、降温增湿，同时可给叶片提供必需的水分及养分，提高籽粒饱满度；喷施甜菜碱、水杨酸、生育酚、黄体酮等外源调节物，甜菜碱能保护光合作用相关的酶，水杨酸可以清除超氧化物自由基、降低呼吸速率、增加膜的热稳定性，可以减轻高温对玉米生长发育的危害。

（四）蔬菜高温热害

1. 灾害症状　大多数蔬菜品种属喜温蔬菜或耐寒蔬菜，耐热蔬菜的比例很小。喜温蔬菜主要是茄果类、瓜类和大多数豆类，耐寒蔬菜包括大多数叶菜类、根茎菜类和豌豆、蚕豆。高温对蔬菜生长发育的影响是多方面的。高温造成植株蒸腾过度，水分供不应求，植株失水萎蔫，光合作用减弱，呼吸消耗过多（尤其夜间温度过高时），导致植株养分亏缺，造成生长缓慢甚至死亡；高温伴随强光时，还会造成番茄、西瓜、冬瓜等瓜果类蔬菜发生日灼病，病部晒成灰白色革质状，组织坏死发硬；高温导致花芽分化不良，授粉受精受到影响，造成茄果类、豆类蔬菜落花，降低坐果率，畸形果增多，难以形成色素，降低蔬菜商品价值；土温过高（一般指超过25℃时）可导致根系的衰老、根系吸收能力减弱，在30～35℃以上时根系生长受到抑制，易感病，造成植株早衰。

由于耐寒蔬菜除高寒地区外一般都在冬半年和春秋季生长。因此，在此主要讨论喜温蔬菜的夏季高温热害指标。喜温蔬菜主要是茄果类、瓜类和大多数豆类，在气温20～25℃下生长适宜，面积较大的喜温蔬菜品种有番茄、茄子、甜椒、黄瓜、冬瓜、菜豆等。番茄在遇到30℃的高温时光合强度降低，温度升高至 35℃时开花结果受到抑制，温度达到 40℃以上时则引起大量花果脱落，如番茄在果实成熟时遇 30℃以上的高温，番茄红素形成减慢，温度超过 35℃时番茄红素则难以形成，出现绿、黄、红相间的杂色果；茄子在气温达到25～30℃时结实率下降；黄瓜遇 30℃以上高温时花粉萌发率下降、花粉管伸长受到抑制，当温度达到 40℃且持续 2 小时花粉基本不能萌发，若持续 3 小时以上 45℃的高温，则叶色变淡、雄花不开，出现畸形果。黄瓜在温度超过 32℃时净同化率下降，其根系在土温超过 25℃则易衰老；菜豆在温度达到 30～35℃后，花芽发育停止，开花减少。

2. 防抗技术 蔬菜夏季高温热害防灾减灾主要技术包括 5 个方面：

①科学间套作，实现有效降温。采用喜阳与喜阴作物、高秆和藤架作物间套作，利用高秆作物茎叶为矮秆蔬菜创造遮阴环境，能有降温的效果，如茄子与甜椒间作（图 14），冬瓜、苦瓜、丝瓜架下栽培生姜、番茄等。

图 14　茄子与甜椒间作

②调整播栽期，避免夏季高温危害。喜温果菜要避免过晚播种，并加强前期管理，促使植株枝叶繁茂，力争在入夏前形成壮苗，也可以提高对高温的抵抗力。

③适时浇灌，科学抗热。夏秋高温季节，适时浇水可降低温度、改善田间小气候条件，减轻高温对花器和光合器官的直接损害。但应避免在午后浇水，以免根际温度骤然下降造成生理障碍而导致植株萎蔫，甚至死亡；灌水不宜过快过猛，防止降温过快。如遇"热阵雨"，要在雨后及时用井水串灌降温，以改善菜田土壤空气状况，增强根系活力，防止蔬菜死苗。

④根外追肥或喷洒生长调节剂，降温抗灾。在高温季节，叶面喷肥具有"降温、增肥"的作用。如用叶面连续多次喷施磷酸二氢钾溶液、过磷酸钙及草木灰浸出液等，既有利于降温增湿，又能够补充蔬菜生长发育必需的水分及营养。对花果期的蔬菜，如甜椒用30毫克/升对氯苯氧乙酸溶液喷花，可防治高温引起的落花；对番茄喷洒2 000～3 000毫克/升的比久（B9）溶液、0.1%硫酸锌或硫酸铜溶液，可提高番茄抗热性，用2,4-D浸花或涂花，可以防止高温落花并促进子房膨大。

⑤覆盖搭棚，降温保湿。蔬菜播种时，用秸秆等覆盖地面，可降温保湿，利于发芽和幼苗生长；蔬菜生长期对菜地覆草，也可降温保湿；在菜地上方搭建遮阳棚，上面覆盖树枝或作物秸秆，可降低气温3～4℃；大棚蔬菜在夏秋季节覆盖遮阳网，可降温4～6℃。

（五）棉花干热风

1. 灾害症状 我国棉花种植区主要分布在以新疆为主的西北区和以湖北为主的华中区，根据国家统计局2019年数据，新疆棉花产量占全国棉花总产的84.9%。干热风是新疆等西北种植区棉花生产面临的主要气象灾害之一。遭受干热风危害的棉株，会出现叶片干尖枯边，叶片萎蔫变脆，因水分、养分失调而造成花粉干缩，授粉不良，出现干花、干蕾、落蕾、落铃现象，严重的会出现棉铃提前吐絮，使棉株出现早衰症状。在新疆哈密市，7月发生的干热风会导致棉株倒数第3~4果枝上的蕾铃脱落，严重时形成"中空"；8月发生的干热风会导致棉株倒数第1~2果枝上的蕾铃脱落，严重时形成"落顶"。

夏季在新疆高压脊或南疆热低压形式场的控制下，干热风天气发生频率很高。棉花现蕾温度最好不超过30℃，开花对温度的要求是不超过36.5℃，棉铃生长温度最高不超过33℃。在新疆哈密市，当气温升高到33℃以上、空气相对湿度低于30%、同时伴有超过2米/秒风速时，就会发生棉花干热风危害。

2. 防抗技术 在经常出现干热风危害的地区，要选用抗逆性强的棉花品种进行主栽；适时早播，促壮苗，加快棉花的生育进程，使其早现蕾、早开花、早结铃、坐大铃，以减轻干热风来时所受的危害，同时积极采取科学合理的栽培管理措施，主要包括4个方面：

①营造防护林，防风降温。在棉田区营造防护林网，以降低林网内棉田区域的风速和温度，这是防止干热风长期而持久的措施。

②适时灌水，有效降温。灌水和喷施抗旱剂是防御干热风危害棉花最经济、有效的措施。适时灌水能够改善田间小气候，降低棉株间温度1~2℃。高温期间，灌水时间宜在清晨和晚上8时后，忌大水漫灌；如果可以在干热风来临的前一天灌水，抵御干热风危害的效果会更好。也可采用喷灌，将水直接喷洒在棉花茎叶部位。通过灌水降温增湿来维持棉花植株体内水分的平衡，降低干热风对棉花的危害。

③合理施肥和化学制剂，增强抗干热风能力。棉花需肥多，但要少量多施、勤追肥。尤其棉花盛花期后，基肥的肥效差不多用完，要及时追施花铃肥。花铃肥施肥量视苗情和土质而定，苗壮的黏土、壤土棉田每亩追施尿素 5 千克、苗弱的沙土棉田每亩追施尿素 7～8 千克。试验发现，花铃期叶面喷施 0.2%～0.4%的磷酸二氢钾、棉花打顶前喷施 2%的过磷酸钙溶液，也可提高棉花对干热风的防御能力。

④及时修剪，健壮棉株。及时打顶、整枝和剪除无效花蕾，优化冠层顶部结构，避免顶部形成"大草帽"而通风透光不良，从而促进光合作用、减少养分的消耗，促进棉铃发育、培育理想株型和健壮棉株，增加棉花的抗逆性，降低干热风发生时的脱落率。

（六）果树日灼

1. 灾害症状　果树日灼在我国几乎所有果树栽培区都有发生，尤以干旱年份发生较重。我国以大陆性气候为主，落叶果树多栽植在夏季高温、干旱地区，这些地区的气候条件极易导致果树日灼的发生，尤其是苹果、梨、柑橘、葡萄等树种发生严重。据其发生的时间不同可分为夏季日灼和冬季日灼，按发生部位可分为枝干日灼和果实日灼。夏季日灼主要危害果实和枝条的皮层，伤害表现为果树枝干上出现褐色斑、表皮脱落，严重时枝条表面出现黑斑、且枝条表层出现裂斑；向阳面叶片稀少的树冠处的果实也易于受日灼伤害，受害初期果实向阳面出现淡紫色或浅褐色斑块，粗糙，皮层变厚，然后斑块扩大干枯，严重时发生裂果。不同种类果树表现又有所不同，例如，苹果受害部位初期局部变白，继而产生红褐色近圆形斑点，最后病斑扩大形成黑褐色凹陷，随之干枯甚至开裂；柑橘日灼受害部位初呈灰青色或黄褐色斑点，随后扩大形成圆形或不规则的灰褐色干疤，病部果皮生长停滞，质地变硬、粗糙，有时龟裂，使果实形状不正。果实日灼严重时，会使果实出现大小不等的坏死斑块，导致果实失去食用价值。

冬季日灼多发生在冬末春初，主要发生在果树主干或大枝上，以西南向阳面为多。受害初期的果树树皮变色横裂呈斑块状，树皮表面呈现浅红紫色斑块，严重时树皮脱落、枝条死亡。

夏季烈日直射、高温和土壤缺水是导致日灼发生的主要因素，土壤缺水影响蒸腾作用，不能调节树体温度，也会导致枝干的皮层和果实表面温度过高而灼伤。因此，夏季日灼多在高温干旱天气条件下发生，一般在无风或微风的午后，直射光照射到果实表面会造成 8～15 ℃的附加温度，如 800 瓦/米^2 的日照就可使果实温度增加 10 ℃以上，一旦超过临界温度就会导致果实日灼。例如，苹果在日照强度超过 700 瓦/米^2、气温高于 30 ℃、相对湿度低于 26％、风速小于 1.3 米/秒时，预示很可能在 1～3 小时后发生日灼。突发性的高温与强日照，如连阴雨后突然转晴、气温骤升更容易引起日灼。同时，不同树形也有影响，主枝干角度越小、越直立，树体温度就越低，日灼也越少；日灼发生也与果实着生方位有关系，生长在树冠西南方位的果实更易发生日灼。

冬春日灼主要原因是太阳直射到果树的主干或大枝的向阳面树皮表面，温度升高到 0℃以上，使处于休眠状态的细胞解冻、细胞液溶解；夜间气温骤降到 0℃以下，细胞又冻结。多次冻融交替，造成皮层细胞大量死亡，产生日灼。

2. 防抗技术 果树日灼防灾减灾主要技术包括 6 个方面：

①合理修剪，避免太阳直接暴晒。通过修剪调节枝叶量，保持中度的树体结构，在树体的向阳方向适当多留枝条，增加

果树叶片数量，以避免枝干光秃裸露受太阳直接暴晒，减少阳光直射果树枝干和果实直接暴晒在阳光下的机会。夏剪时，注意不可过多疏枝，适当预留营养枝及少量旺枝遮阴蔽日；尤其果穗附近适当多留些叶片，及时转动果穗于遮阴处。在无果穗部位，适当去掉一些叶片，适时摘心、减少幼叶数量，避免叶片过多，与果实争夺水分。易出现果实日灼的地区在树冠西南面应适当重疏树冠外围裸露的果实，适当多留内膛果和半遮阴果，有助于减少果实日灼。

②及时灌水，提湿降温。果园灌水是防止果实日灼发生最有效的措施，越冬前要灌封冻水，生长季要及时浇水。夏季果园灌水既可保证高温期间果树的水分供应，同时也可有效降低土壤温度，减缓根的衰老死亡、增加根系的吸收能力，提高果园的空气湿度并通过增强果树的蒸腾作用而降低树体温度，有效防止日灼的发生。灌水要选择在地温较低的时间进行，6月没有大的降雨时，可每隔1周灌水1次；保水能力弱的沙土地果园灌水要更勤，而黏土地果园灌水间隔可适当多几天；基本要求是果园地面经常保持湿润。这一时期宜采用沟灌或树行畦灌，既可节约用水，又可避免全园大水漫灌刺激新梢旺长的副作用；沟灌是距树行40～50厘米的地方顺树行做成深、宽20～30厘米的小沟；畦灌是两侧起宽1～1.5米的小畦；采用这种方法避免大水漫灌。伏旱时灌水，灌后浅中耕。也可在高温之前或傍晚太阳落山时，给树冠喷洒清水；或增加蓄水池数量等方法改善园内小气候，调节树冠周围空气温度、湿度，减轻日灼发生。

氮肥、磷肥、钾肥合理搭配使用，避免过多使用速效氮肥，要特别重视钾肥的施用；深翻土壤增施有机肥，改善土壤结构，提高土壤的保水保肥能力；促进根系向深层生长，使果树生长健壮，增强树体抗御高温的能力。苹果园7～8月喷施叶面肥，也能减轻日灼病的发生，又可促进果实发育、提高果实品质。

③土壤覆盖，降温提墒。在夏季高温干旱来临前，进行秸秆、稻草等地面覆盖，白天可减小土壤温度的升高、减少蒸发、提高土壤保水能力，使根系能充分吸水供应地上部叶片和果实蒸腾散热，树体温度从整体水平下降，以有效防止日灼；田间进行低秆作物的间作套种，也可减少地面裸露、减少阳光对地面的直接照射而引起土壤温度的过分升高；也可保留树下杂草或进行果园生草，待草高约50厘米时留茬割草覆于树盘下，以降低地面温度、提高土壤湿度，也可以预防日灼的发生。

④果实套袋，降低日灼。套袋可有效降低日照强度，在一定程度上降低果实的日灼率（图15），但并不能完全防止日灼，因为日灼有时发生在套袋内或除袋后的短期内。为了提高套袋防抗日灼的效果，果实套袋前3~5天及套袋后迅速浇水，以降低地温，改善果实供水状况，减轻日灼的发生；果实套袋应尽量选择在早、晚气温较低的时间进行，避开中午日光直射；套袋时，要将果袋完全撑开，尽量使果实悬于袋子中央、避免紧贴果袋；在温度变化剧烈的天气不要套袋，如阴雨后突然转晴后的天气。干旱年份应特别注意，将套袋时间推迟以避开初夏高温；结合夏剪检查套袋，确保气孔完全打开、袋体完全撑开，果袋气孔过小的可适当用剪子扩大气孔；在果实向阳面贴稍大于果面的白纸，也可有效反射阳光、降低果实表面温度，从而减少日灼的发生。套袋果实除袋后突遇强光易发生果实日灼伤害，因此，可分次除袋以利于套袋果对强光的适应。

⑤冬季早春树干涂白，缓和温度骤变。越冬前，涂白树体主干及主枝，枝干涂白可以反射阳光，以缓和树皮温度骤变

图 15　果实套袋

（图 16）。涂白剂的配比为生石灰、食盐、辛硫磷、黏土、动物油、水（10∶1∶0.01∶1∶0.2∶36）；涂白剂的浓度要适当，以涂在枝干上不往下流又不黏团为宜；生石灰一定要溶解，否则它吸水后放热反而会烧伤树干。另外，树干上绑草把、涂泥、培土也可防抗日灼。

图 16　树干涂白

⑥施用外源物质，避灼防病。在树体和果面喷洒波尔多液或石灰水，既可减轻日灼，又能防治多种病害。还可施用如外源活性氧发生剂、苯甲酸钠、水杨酸、抗坏血酸和高岭土等，也可减少果实日灼发生。

防抗作物低温灾害技术

一、基本概念

（一）低温灾害

当外界温度低于作物正常生长发育所需温度时，作物光合作用被削弱，根系对养分的吸收能力下降，光合产物和矿物质营养向生长器官输送受到阻碍，作物正在生长的器官因养分不足而瘦小、退化或死亡，这种作物生长发育期间遭受低于其生长发育所需环境温度的危害，称之为低温灾害，可分为低温冷害、冻害、寒害等。

（二）冷害

冷害是指温度在 0℃以上的低温灾害，是作物生长季期间遭遇气温 0℃以上但低于其生长发育所需温度引起的作物损害，导致减收、减产的事件。按发生的季节，可分为春季低温冷害（如倒春寒）、东北夏季低温冷害、秋季低温冷害（如寒露风）和冬季华南的寒害；根据冷害对作物的危害机制，可以分为 3 种类型，即延迟型冷害、障碍型冷害和混合型冷害。①延迟型冷害指作物生育期遇到较长时间的低温，会削弱植株生理活性，致使作物生长缓慢，生育期显著延迟，不能正常成熟，引起减产。②障碍型冷害是在作物生殖生长时期主要是孕穗期和抽穗开花期，如遇短时间低温，就会破坏生理机能，作物受粉受阻、影响结实率，造成空粒而减产。③混合型冷害指作物生长过程中同时遭受延迟型冷害和障碍型冷害，比单一型冷害危害更严重。

（三）倒春寒

倒春寒指在春季天气回暖过程中，由于冷空气间歇入侵，出现的前期暖后期冷、且后期气温比常年温度明显偏低而对作物造成损伤的一种低温冷害。一般当旬平均气温比常年偏低2℃以上，就会出现较为严重的倒春寒，常引起中国北方小麦、棉花和花生的烂种，影响南方水稻播种、出苗和生长，给农业生产等带来严重的危害。

（四）东北冷害

东北冷害是指在东北地区作物生长发育期间，由于热量不足，导致发育期延迟或开花、授粉发生障碍而影响正常成熟，造成作物减产或失收。东北冷害常与其他极端天气现象同时发生，形成4种不同天气型的冷害，即湿冷型、干冷型、霜冷型和阴冷型。①湿冷型指低温与多雨涝湿相结合，温度低，湿度大，成熟延迟，造成贪青减产。②干冷型是低温与干旱相结合，对玉米和大豆威胁严重。③霜冷型是低温与特殊早来的秋霜相结合，能使水稻、高粱贪青晚熟，大幅度减产。④阴冷型是低温与阴雨寡照结合。

（五）寒露风

长江中下游和华南地区的秋季低温冷害多发生在寒露节气前后，有时也称寒露风。秋季是夏季风转变为冬季风的过渡时期，西伯利亚高压开始增强，太平洋副热带高压明显减弱、南退，其间冷空气不定期的暴发南下，引起大范围降温，形成寒露风天气。北方冷空气和南方较暖湿的气团相遇，在长江中下游地区，常出现低温阴雨天气，形成"湿冷型寒露风"；在广东、广西及福建等地区，受南海台风侵袭的影响，诱发冷空气南下，造成明显的降温，天气晴朗干燥，形成"干冷型寒露风"；在广西钦州一带因大风和空气干燥，出现"干风型寒露风"。寒露风影响水稻开花、授粉和受精过程的正常进行，增加稻谷的空秕率。

(六) 寒害

寒害指华南热带作物和某些亚热带作物的零上低温危害，通常又称为华南寒害。与低温冷害类似，是指温度不低于0℃、一般在10℃以下，因气温降低引起作物生理机能上的障碍，使植株枯萎、腐烂或感病，直至死亡的气象灾害，实质上也是一种冷害。热带作物寒害主要发生在冬季，即12月到次年2月。在实际生产工作中，会把热带和亚热带地区冬季出现的寒害和冻害（0℃以下低温危害）统称为寒害或寒冻害。

(七) 霜冻

霜冻是作物生长时期发生的冻害，指作物生长季节期间因植株体温降到0℃以下，使作物体内结冰而伤害作物、造成植株死亡、减产的现象。根据霜冻发生的季节不同，可分为春霜冻和秋霜冻。春霜冻多发生在3～6月，主要危害春播作物的幼苗、越冬后返青的作物和开花的果树，对华北和西北地区东部冬小麦、果蔬影响较大；秋霜冻多发生在8～11月，主要危害尚未成熟的玉米、棉花、水稻等秋收作物、未收获的露地蔬菜等。

(八) 越冬期冻害

越冬期冻害是作物休眠期发生的冻害，是作物在越冬期间，因长时间处于 0℃以下低温环境而丧失生理活动能力，造成植株受害或死亡的现象，常发生的有越冬作物冻害、果树冻害、经济林木冻害等。

二、防抗作物低温灾害

（一）水稻低温冷害和霜冻害

1. 灾害症状　水稻低温灾害是指当水稻遭遇的环境温度低于其生长发育所需的最低临界温度，造成水稻生理损伤，导致水稻不能正常发育而减产的现象。水稻生长过程的每个阶段都有可能发生冷害，尤以萌芽期、苗期、孕穗期和开花灌浆期最为敏感。水稻低温灾害在我国稻作区均有发生，不仅东北地区的水稻易发生低温冷害，长江中下游及华南地区的水稻也会遭受早春"倒春寒"的危害，造成早稻的烂种、烂秧，还会遭受"寒露风"的危害影响晚稻的抽穗结实。同时，在东北地区，由于气温偏低，不少年份秋霜冻来得较早，如果水稻在秋霜冻发生前未能正常成熟，就会发生水稻霜冻害，造成水稻减产。

根据低温对水稻的影响机理和发生时期不同，水稻冷害可分为延迟型、障碍型和混合型 3 种类型冷害。延迟型冷害指水稻在营养生长期内（有时也包括生殖生长期）受到较长时间的持续性低温危害，植株生理代谢缓慢，生育期拖后，秋霜来临时不能充分灌浆成熟而导致显著减产的灾害。障碍型冷害指水稻生殖生长期的关键时期（孕穗至开花期间）内出现的短期强低温，直接损害水稻生殖器官，破坏其生理活动机能，造成颖花不育、籽粒空秕，结实率下降而减产的灾害。混合型冷害指在水稻同一生长季，延迟型冷害和障碍型冷害同时或相间发生的灾害。

不同生育期发生的冷害对水稻的影响不同。水稻萌芽期的冷害会导致出芽时间延长、烂秧，从而影响水稻成苗率，田间表现为鞘叶向内弯曲、真叶畸形、叶顶端呈圆圈状、叶尖包裹在叶鞘里等现象。苗期冷害会使水稻秧苗失绿、枯萎甚至死亡，减弱水稻根茎叶的生长和分蘖，从而影响后续各生长阶段的时间早晚，是水稻发生延迟型冷害的关键期。孕穗期是影响水稻结实率的关键期，孕穗期冷害会导致颖花分化不良、降低颖花数及每穗粒数，影响花粉粒发育、降低花粉萌发能力，导致水稻结实率降低。开花灌浆期是直接影响水稻空秕率的关键时期，开花期冷害会阻碍花药正常开裂，散不出花粉或花粉发芽率大幅度下降，出现受精障碍，导致水稻不育、产生大量空壳而减产。灌浆期冷害会导致水稻植株净光合生产能力下降，进而使稻谷的充实度变差、品质变劣。

水稻在成熟阶段遭受霜冻时，叶片呈现类似开水烫煮后的软腐、萎蔫，太阳照射后逐渐干枯，水稻无法维持正常的光合、呼吸等生理活动，穗粒无法生长成熟，秕谷多、产量降低，并且碎米多、品质差。霜冻对水稻的危害程度和发生时间有关，如果霜冻发生时水稻有八九成熟，减产约 10%。如果在水稻灌浆期遭遇霜冻，可能减产 50%、甚至绝收。

东北地区水稻霜冻主要发生在成熟阶段。这期间日最低气温低于 0℃时，即发生水稻轻度霜冻危害；当日最低气温低于 －0.5℃时，水稻霜冻上升至中度危害；当日最低气温低于 －1.0℃时，水稻将受到重度霜冻危害。

2. 防抗技术 我国稻作区域辽阔，在选择防御措施时要根据当地自然条件、栽培方法、品种类型和稻作制度确定。水稻低温冷害和霜冻的防灾减灾技术主要有 5 个方面：

①因地选种，合理密植。根据当地气候特点，尤其是当地的热量资源状况，选择合适的耐冷性水稻品种、做好品种布局

安排，切忌越区种植晚熟品种；培育壮秧，合理密植，提高秧苗素质和抗逆能力。

②调整播种期，确保安全齐穗。根据水稻生育特性结合当地气候规律，安排合适的播种移栽时期，避开低温；也可地膜覆盖，创造良好的稻田土壤环境，提早播种移栽，抓住农时，确保晚稻在低温来临之前齐穗。

③适宜水深，以水保温。加强水分管理，采用回水灌溉和深水灌溉来提高田间温度。设立晒水池，延长水路，使水增温后再灌入田，采取回水灌溉提高温度；采用深水灌溉时，环境温度越低所需的水层就越高，但水深不要超过叶尖，并且高水层时要频繁换水以保证水中的含氧量。对于霜冻的防控，最好在霜冻发生前一天灌水，待霜冻过后即将水层调节至正常高度。

④科学施肥，适宜应用化学制剂。合理施肥，增磷控氮，配合钾肥和微量元素，提高水稻对低温的抗逆性。适当增施磷肥，磷能提高水稻体内可溶性糖的含量，减轻叶绿素含量等光合相关指标的下降，增强作物抗御低温的能力，还可促进早熟；钾能促进碳水化合物的合成，提高作物的抗逆性；适当搭配部分微量元素，以改善水稻的品质。另外，喷施化学制剂如一定浓度的水杨酸、脱落酸能增强水稻幼苗的耐冷性，香豆素可提高水稻的耐冷性。

⑤霜冻前夜，熏烟增温。在将要发生霜冻的晴夜里熏烟，过程中的燃烧放热可增温；烟幕笼罩在稻田上方，可防止地面热量的扩散，同时由于烟幕的存在，地面有效辐射减弱，有效降低气温的下降幅度；同时，在烟幕形成时有吸湿性微粒产生，空气中的水汽在微粒上凝结放出潜热，也有助于环境温度的提高。

（二）小麦冻害和冷害

1. 灾害症状 小麦冻害是指小麦在生长发育过程中遭遇0℃以下低温，致使细胞组织因冰冻而受到的伤害，按其发生时间可分为初冬冻害、越冬期冻害、早春冻害和晚霜冻害（春霜冻）。其中，越冬期冻害和晚霜霜冻是影响我国冬小麦生产最主要的低温灾害。小麦冷害是指春季小麦返青生长后，由于气温的降低（仍在 0℃以上）而引起的小麦生理上的机能障碍，生长发育延缓，营养器官遭受损伤的现象。

初冬冻害指在小麦越冬前或越冬初期（11～12 月），由于气温骤降导致小麦冻害。如果当年为暖秋，幼苗未经抗寒性锻炼，抗冻能力较差；或者播期早，秋季麦田旺长，都容易形成初冬冻害、加剧其危害程度。小麦初冬冻害表现为叶片失绿，心叶萎蔫干枯，幼穗失水出现枯心苗，重者主茎和大蘖冻死造成减产，严重的会冻死分蘖节造成绝产。

越冬期冻害指在小麦越冬期间（12 月下旬至次年 2 月中旬）发生的冻害，一般表现为叶尖或叶片受冻死亡，严重的表现为上部茎叶甚至分蘖节被冻死，进而导致减产。越冬期冻害可分为长寒型和交替冻融型。长寒型冻害是由于持续低温致使小麦严重死苗、死蘖，甚至导致地上部严重枯萎，成片死苗。交替冻融型冻害是进入越冬期的麦苗因气温回升而恢复生长，抗寒力下降，又遇到强降温而形成的冻害。

早春冻害往往是冬季冻害的延续，指小麦返青至拔节期间（2 月下旬至 3 月中旬）发生的冻害。返青后麦苗植株生长加快，抗寒力明显下降，如遇寒流侵袭温度骤降则易发生冻害，易造成死苗。早春冻害表现为受冻麦株最上部叶尖发白、枯死，呈开水烫状，然后枯黄青枯。

晚霜冻害指发生在小麦拔节至抽穗期间（3 月下旬至 4 月

中旬）的冻害，又称春霜冻害。该期间小麦生长旺盛，抗寒力很弱，若气温突然下降极易形成霜冻。晚霜冻害对小麦的危害主要表现为白穗、小穗不孕和受冻植株基部生出新蘖，既降低亩穗数，又减少穗粒数。晚霜冻在黄淮和西南麦区发生较多、危害较重。

小麦冷害多发生在小麦孕穗期（4月上中旬）。小麦孕穗期适宜温度为 10～15℃，若最低气温低于 5～6℃就会受害。受害部位多为小穗，造成小穗枯死，出现白穗、半截穗，抽出的穗仅有部分结实，不孕小花数大量增加，减产严重；使根系变短、火力减弱，抑制根呼吸和对水分、养料的吸收，引起缺素症或生理干旱；叶片颜色变黄，从老到嫩逐渐黄萎枯死；茎节间伸长受到阻碍，节间变短、苗高降低；导致小麦生育进程变慢，生育期延迟。

小麦冷、冻害临界温度：11月中下旬至12月中旬，最低气温骤降 10℃左右，达－10℃以下，持续 2～3 天，小麦的幼苗未经过抗寒性锻炼，抗冻能力较差，极易形成初冬冻害。同时，如播种过早或前期气温偏高，生长过旺，再遇冷空气更易使冬小麦受害。进入小麦越冬期后，有两个月以上平均气温比常年偏低 2℃以上，最低气温在－15℃～－13℃以下的天数较多，无积雪及积雪不稳定麦田，易发生长寒型冻害。以分蘖节深度处土壤最低温度判别，黄淮海地区强冬性、冬性和半冬性小麦越冬期冻害临界温度分别为 －12.7℃、－11.7℃ 和－11.6℃。在冬小麦起身—拔节阶段，强冬性、冬性、半冬性和弱春性品种的霜冻指标（以 3 厘米处土壤温度表征）分别为－4.2℃、－4.6℃、－6.1℃ 和－5.5℃。小麦拔节后 1～5 天期间，日最低地表温度低于－3.1℃就可能发生晚霜冻害；小麦拔节后 6～10 天期间，日最低地表温度低于－2.1℃就可能发生晚霜冻害；小麦拔节后 11～15 天期间，日最低地表温度

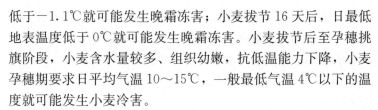

低于－1.1℃就可能发生晚霜冻害；小麦拔节16天后，日最低地表温度低于0℃就可能发生晚霜冻害。小麦拔节后至孕穗挑旗阶段，小麦含水量较多、组织幼嫩，抗低温能力下降，小麦孕穗期要求日平均气温10～15℃，一般最低气温4℃以下的温度就可能发生小麦冷害。

2. 防抗技术 小麦冷冻害的防灾减灾技术主要包括5个方面：

①优选品种，合理搭配。选择抗寒性品种，合理品种布局、安排播期。结合当地冻害发生的规律选择品种，在冬季冻害易发的麦区，选用抗寒性强的半冬性品种；在易发生春霜冻害的麦区，选用和搭配种植耐晚播、拔节较晚而抽穗不晚的弱春性品种。

②适期播种，播前整地。根据不同品种，选择适当播期。强冬性、冬性、半冬性和春性品种以日平均气温稳定在17～18℃、16～18℃、14～16℃、13～15℃时播种为宜，弱冬性和春性品种要防止早播。播种前施肥整地，提高播种质量，培育冬前壮苗，增强小麦抗寒能力。

③适宜深播，适时防御。用矮壮素浸种，掌握播种深度（3～5厘米）使分蘖节达到安全深度，合理施用氮肥的同时增施有机肥和磷、钾肥，以壮苗提高抗寒力。小麦返青后，叶面喷施微肥、植物生长调节剂、植物抗寒剂、磷酸二氢钾等，提高小麦抗逆性，是防御冷冻害的有效措施。

④适时灌水，控制水量。寒流前1～2天浇水，提高土壤热容量、降低土壤温度变化幅度，可有效减轻冻害的危害。尽可能采取喷灌、小水漫灌，不要大水漫灌；以气温4℃时浇水为宜，气温低于4℃时冬灌有发生冻害的危险。浇好封冻水，可以稳定地温，不仅有利于小麦安全越冬，而且能缓解春季土壤干旱。早春拔节期补水，是防御后期冻害的关键措施，不仅

可形成良好的土壤水分条件提高土壤温度、弥合土缝，还可调节耕层土壤养分，促进长大蘗、育壮苗。

⑤翻耕补种，灌水追肥。对于冻害死苗严重的麦田，可在早春翻耕补种。对受冻旺苗，应在返青初期清理枯叶，促使麦苗新叶见光尽快恢复生长，在日平均气温升到3℃时适当灌水结合追肥，施肥种类以速效肥为宜，促进长出新根新叶，尽可能提高产量。喷施植物生长调节剂和磷酸二氢钾也可缓解冻害产生的伤害。冻害严重的麦田，要立即追肥灌水，肥水过后进行中耕，松土保墒、改善土壤透气性，促进根系生长，只要基部重新发生分蘗，麦田仍可以有一定产量。

（三）玉米冷害和霜冻害

1. 灾害症状 玉米是典型的喜温 C4 作物，在全球气候变暖背景下，玉米低温灾害的发生程度呈减轻的趋势，但由于一些种植区温度波动幅度变大，低温冷害和霜冻依然是玉米生产中需要重视的气象灾害。玉米冷害以延迟型为主，延迟型冷害是指生育期内持续低温（0℃以上）而导致发育延迟，正常成熟受到影响。玉米霜冻是由于春、秋季气温低、波动大，最低气温降至 0℃ 左右使作物遭受冻害。在玉米苗期有发生晚霜冻危害的风险，在灌浆期存在遭受早霜冻危害的风险。玉米低温灾害主要发生在东北三省和内蒙古，通常导致玉米减产、品质下降，严重冷害年玉米减产可达 20％ 以上。

低温冷害会降低玉米的生长量，株高、叶数都比正常偏少，使得后续发育期延迟、成熟度差，造成产量降低，尤其孕穗期的冷害导致的减产最严重。玉米播种至出苗期，在低温冷害的影响下玉米出苗推迟，并影响苗全苗齐苗壮，造成烂苗等症状；出苗至抽雄期，低温减弱植株的光合作用，干物质积累减少，株高降低且各叶片的出现推迟，生育进程延迟。低温还阻碍玉米花器官发育，推迟抽雄；抽雄至成熟期的低温冷害直接影响到玉米的正常成熟，灌浆期低温使玉米籽粒灌浆速度下降，粒重降低，日平均气温降低到16℃以下灌浆过程停止，导致减产。

玉米受霜冻危害的症状一般在霜冻发生1～2天后表现出来，轻度受冻的玉米在叶片叶缘有冻伤，冻害程度加剧后表现为全叶冻伤，然后是茎出现冻伤，直至植株冻死。冻伤的叶片呈水渍状，叶色先变浓绿、再变白、变褐色，然后凋萎干枯。冻伤的茎秆也呈水渍状、软腐，变黑，枝叶干枯。

2. 防抗技术　玉米冷害和霜冻害的防灾减灾技术主要包括5个方面：

①因地制宜，适时播种。易受晚霜冻害的玉米种植区，可适当推迟玉米播期，尽量使玉米出苗后避开晚霜冻害。非晚霜冻易灾区，可适当早播，在0～5厘米地温稳定通过7～8℃时即开始播种、缩短播期，一次播种保全苗。

②地膜覆盖，防御低温。地膜覆盖栽培，可提高地温、增加积温，促进玉米生长发育，从而防御低温灾害的影响（图17）。试验表明，玉米播种至营养生长期内，地膜覆盖对耕层土壤的升温效果，在晴天可达3～5℃、阴/雨天为1～2℃，可增加土壤积温180℃·日以上，使玉米出苗及营养生长发育明显加快，比相同品种未覆盖地膜的玉米早成熟15～20天，有防御冷害、霜冻的效果。覆膜适宜在春季第一场明显降雨后、土壤含水量较高时进行，以0～30厘米土层含水量大于20%为宜。当土壤湿度低于18%时，可先灌水后覆膜。在玉米生长后期或收获后，要回收废膜防止产生土壤和环境污染。

③科学栽培，提升抗寒能力。在玉米幼苗期适当进行低温锻炼，提高玉米的抗寒能力；育苗移栽，在保护地内育

图 17　地膜覆盖栽培

苗，而后移入大田，这也是躲避春季低温冷害的较好的方法，可提早成熟、防御秋霜，降低收获时籽粒含水率，提高玉米品质。

④科学施肥和使用化学制剂，科学防抗冷害。施足种肥，满足玉米苗期对养分的需要，促进根系发育、壮苗抽叶。在玉米拔节期、抽雄前 5 天追 2 次肥。施用有机肥和钾肥，钾可显著地提高作物的抗冻性。喷施乙烯利、矮壮素及多效唑和嘧啶醇合用，均可有效防御冷害危害。

⑤灾后补种，加强田间管理。玉米苗期遭遇晚霜冻造成部分幼苗死亡时，可补种出苗快、生育期较短的玉米品种，以弥补一定的产量损失。如果玉米生长点没有被冻死，可加强田间管理而不选择补种。

（四）大豆冷害和霜冻害

1. 灾害症状　大豆是我国的主要油料作物之一，主要种植在东北春大豆产区和黄淮流域夏大豆区。大豆喜温，同时又较耐冷凉。大豆遇到低温会延迟生育和生长不良，遭受早霜而减产。大豆低温灾害主要发生在东北豆产区，严重时减产达到30％以上。黑龙江省冷害类型多为苗期不良型和延迟型冷害。

大豆播种到成熟期间如受低温胁迫，会造成出苗不齐，生长发育受阻，落花落果，降低大豆的产量和品质。大豆出苗、幼苗生长、分枝和花芽分化时期的低温冷害，降低出苗率，大豆幼苗叶绿素和可溶性蛋白含量、根系活力显著降低，幼苗生长减缓，影响叶片伸长、叶片少，分枝发育不良，花芽分化受阻，开花数减少，导致减产。大豆花期的低温灾害，影响正常结荚，导致单株粒数减少，尤其是晚熟大豆品种受害突出。在开花前期，温度降至15℃左右后雄蕊发育受阻，花粉萌发力下降，花药不开裂，落花落荚增加，结荚率和结实率降低，以开花前11～17天最为敏感。大豆鼓粒期的低温冷害，影响种子发育，增加秕粒并延迟成熟。大豆苗期可能发生春霜冻危害，鼓粒期可能因秋霜冻终止，受到霜冻危害的大豆，轻者表现为叶片卷缩萎蔫，重者植株冻死。

大豆冷害和霜冻害的温度指标：大豆冷害发生的温度指标在不同生育期不同，大豆种子发芽的最低温度为5～8℃，温度低于12℃大豆出苗显著延迟；大豆苗期的冷害指标为13～15℃，低于15℃对于叶片生长和分枝形成有较大影响；白天气温低于17℃开花就会较大推迟；温度低于15℃时，大豆花荚脱落，灌浆明显减慢。大豆的苗期、开花期、乳熟期，发生轻度霜冻害的日最低气温分别为−1.0℃、0℃和0.5℃，当日最低气温分别下降至−2.0℃、−1.0℃和0℃时发生大豆中度霜冻害，当日最低气温分别下降至−3.0℃、−2.0℃和−1.0℃时发生重度霜冻危害。

2. 防抗技术 大豆冷害和霜冻害的防灾减灾技术主要包括4个方面：

①筛选品种，适时播种。根据当地气候，如生长期积温和

无霜期长度，选择适宜的主栽大豆品种，在生长季短的地区要选择早熟高产和抗寒力强的品种，不要越区引种。适期播种，土壤5厘米土层内日平均温度达到7～8℃时为播种适期。播种前，造好底墒，晒种可提高发芽率，用专用种衣剂拌种可提高种子低温抗逆性。

②适时施肥，科学用量。适当增施有机肥和磷钾肥，提高土壤肥力，保持良好的植株营养状况，有利于抵御低温危害。在初花期、结荚期，要对弱苗进行追肥。分枝期，及时根据大豆生长情况喷施叶面肥，加速大豆发育进程，安全促早熟。开花期，喷施矮壮素或缩节胺等矮化壮秆剂，促进大豆矮化，平衡生长，抗逆、抗倒伏。生长后期大豆对温度特别敏感，可喷施磷酸二氢钾、芸薹素内酯等高浓度的叶面肥，还可喷施缩节胺、矮壮素等抗逆叶面制剂，迅速补充养分，增强植株抗御低温的能力。

③强化田间管理，提高产量品质。出苗后抓好铲趟管理，消灭杂草，提高地温，增加土壤通透性，增强根系活力，提高植株抗逆能力；分枝期，及时中耕散寒增温保墒，促进根系生长、提高作物抗性又可防止倒伏；在盛花末期摘顶心（打去6.5厘米顶尖）可以防止倒伏，促进养分重新分配，多供给花荚，但对有限结荚习性的品种及瘠薄土壤的大豆不适合摘心；成熟期，发生低温冷害或早霜时，可适当延长后熟生长时间，利用根茎向籽粒传送储存养分，提高产量和品质。

④科学灌水，防御霜冻。霜冻来临前，可采用浇灌和喷灌水或熏烟法防御霜冻危害。

（五）棉花冷害与霜冻害

1. 灾害症状　棉花原产于热带、亚热带地区，喜温。棉花的生长周期较长（4～11月），棉花低温灾害在整个生育期都有可能发生，但对棉花生产影响较大的是苗期和絮铃期的低温灾害，包括低温冷害（0℃以上）和霜冻害（0℃以下）。

棉花播种后出苗前遭遇低温灾害，如果是未萌芽的种子，则在种壳内腐烂变软，丧失发芽能力；幼芽则在芽尖或胚轴上出现黄褐色病斑，受害严重的腐烂变质；棉花子叶受霜冻，表现为叶片上呈银白色、酱红色的斑块，严重的会出现子叶脱水枯死；真叶受霜冻危害，表现为叶面出现黄色条状皱褶或斑块，重者造成水渍状冻伤，继而青枯。苗期冷害还会引起棉花营养生长不足，使棉苗生育进程延后，植株矮小，群体生长量不足，成铃少，从而使产量降低；如果中后期温度较高，或秋霜推迟，通过合理的栽培措施，受低温冷害较轻的棉花仍能完成全生育期，但与正常年份相比，产量会降低。开花结铃期如遇低温冷害，易造成棉花生长发育停滞，代谢功能紊乱。铃絮期低温会造成棉铃轻而且吐絮晚，进而降低棉花的品质及产量。如果棉花吐絮前遇霜冻害，纤维将停止发育，强度、品质下降。棉花吐絮期遭受霜冻害，轻度危害表现为植株上部部分叶片受冻萎蔫干枯，严重危害导致全部叶片和棉铃死亡。

棉花冷害和霜冻害的温度指标：棉花播种的适宜温度为12~15℃，开花期适宜温度高于 25℃，花铃期适宜温度为25~30℃，最佳收花期为 15℃终止日。棉花播种至出苗期，当日最低气温低于 10℃超过 3 天、最大降温幅度 3℃以上时，棉花有发生低温冷害的风险。棉花吐絮期，当日最低气温低于15℃超过 5 天、最大降温幅度 5℃以上时，棉花有发生秋季低温冷害的风险。棉花生育后期气温低于 20℃时，裂铃速度减慢，15℃以下将阻碍纤维的伸长和增厚，使棉花的品质降低、产量下降。棉花苗期、开花期、乳熟期，发生轻度霜冻害的日最低气温分别为 2.0℃、1.0℃和 0℃，当日最低气温分别下降至1.0℃、0℃和－1.0℃时发生棉花中度霜冻害,当日最低气温分别下降至0℃、－1.0℃和－2.0℃时棉花将受到重度霜冻危害。新疆棉区,以最低气温低于0℃或地面最低温度低于－2.5℃作为棉花秋霜冻的指标。

2. 防抗技术　棉花冷害和霜冻害的防灾减灾技术主要有6个方面:

①科学选种,适时播种。秋霜期早的地区或者预知当年是冷害型年(长期低温)的地区,要选用早熟棉花品种。早熟品种生育期短,可争取早出苗、早开花、早结铃、早吐絮,避开秋霜冻;同时,早熟棉花品种需要积温少,各生育阶段的起点积温也低,耐低温性较好。春季低温灾害易发地区,可选择耐寒性棉花品种,如新陆早57号等。

②播前拌种,增强抗逆性。种衣剂是由杀菌剂、植物生长调节剂、微肥等成分制成的,采用种衣剂拌种,可形成包裹于棉花种子表面的保护药膜(图18)。能有效防止病菌对种子的侵染,增强植株对低温等非生物学胁迫的抗逆性,减轻低温导致的烂种、烂芽和死苗。

图18　种衣剂

③适时移栽，科学覆膜。育苗移栽和地膜覆盖，都可以增加积温，对全年低温型冷害和春秋霜冻都有较好的防御效果，可促进早熟高产。

④适宜施肥，适时使用植物生长调节剂。苗期为减轻冷害影响，应适当增加棉田施肥量，特别是氮、磷肥，要少量多次施，也可喷施少量氮、磷、钾肥，提高植株对肥料的吸收效率，从而增强棉花对低温的抵抗能力。铃絮期，可喷施磷肥，磷肥对作物早熟高产有明显的作用，对催熟棉花纤维有较好的效果。喷施植物活性剂、棉花增产菌、赤霉素等，以刺激棉花叶与芽的生长发育，提高棉花生长势，增强抗低温能力。铃絮期喷乙烯利，能减少烂铃、青铃、变无效铃为有效铃，促早开絮，增收霜前花。

⑤适宜灌溉，减轻低温冷害。低温冷害前 2～3 天棉田适当灌水，可提高根系周围环境的热容量，有效减小地面温度的变幅，减轻低温冷害。

⑥中耕松土，及时整枝。中耕松土除草，可疏松表土，增加土壤通气性，提高地温，促进好气微生物活动和养分有效化，提高对矿质元素的吸收。及时彻底修整枝条，可以使株间温度相应提高 0.6～0.7℃。

（六）甘蔗低温灾害

1. 灾害症状　甘蔗是我国制糖的主要原料，主要分布于热带、亚热带地区，是 C4 喜温作物。蔗糖产业是我国食糖生产的支柱产业，我国甘蔗主产区位于南方的广西、云南、广东和海南 4 省（自治区），其中广西甘蔗种植面积及产糖量占全国 60% 以上。在这些甘蔗主要种植区，常有低温阴雨或霜冻雨雪天气发生，给甘蔗生产带来低温危害。

甘蔗受到低温危害后，心叶先死亡呈黑色，然后是生长点死亡，随受害程度的加重，蔗叶和蔗茎从上向下逐渐呈现受害症状。蔗茎生长点被冻死的，心叶不会再生；生长点未被冻死的可再长出块状白痕的心叶继续生长。叶片受害干枯呈灰白色，蔗茎上部嫩芽受冻害后变为黑褐色、死亡率高，蔗茎中、下部有叶鞘包裹的蔗芽受害后呈淡褐色、死亡率相对低；受冻害严重的蔗茎全部或部分呈水煮状，节间有红褐色斑，有时节间开裂。蔗糖逐渐水解，有酸腐味，严重降低原料蔗品质。茎内组织变质由上而下逐渐扩展，症状逐渐发展至蔗蔸的地下节间。

甘蔗冷害和霜冻害的温度指标：甘蔗起源于热带，生长的最适温度为30～32℃。生长前中期要求温度较高，30℃时生长最快。生长后期以13～18℃、10℃以上的日较差和干燥天气有利于甘蔗早熟和糖分积累。甘蔗对低温敏感，甘蔗的生长下限温度为13℃。当温度低于12℃时就易受低温危害；当最低气温低于−0.4℃时，甘蔗受轻度冻害，表现为蔗叶轻微或部分受害；日最低气温降至−1.0～−0.5℃时，甘蔗受中度冻害，表现为蔗叶全部和生长点受害；日最低气温降至−2.0～−1.1℃时，甘蔗受重度冻害，表现为甘蔗生长点和茎上部芽冻死；日最低气温降至−2.1℃以下时，甘蔗冻害严重，地上茎全部冻死。

2. 防抗技术 甘蔗冷害和霜冻害的防灾减灾技术主要包括6个方面：

①筛选品种，合理搭配。在霜冻害频发蔗区推广早熟、高糖、耐寒品种，减少不耐寒甘蔗品种的种植面积，合理搭配早、中、晚熟品种，抵御低温危害。

②灾前熏烟，科学防冻。在霜冻前，采取熏烟防冻措施，在蔗地周边设10～15米间隔的烟堆，夜间燃烟持续到凌晨，可提高蔗田温度1～3℃，达到防御冻害的目的。

③适量灌溉，促进防冻。霜冻前适量灌水或喷灌蔗田，增加土壤湿度，使土壤热容量和导热率增加，从而减小夜间降温幅度，以防冻；同时，适量灌水有助于植株光合作用，促进产量提高和糖分的积累。

④适时施肥，防止短时寒害。秋、冬植蔗田多施有机肥和磷肥，以提高蔗田温度和甘蔗的抗霜冻能力。合理施用叶面肥，可使蔗叶自然关闭气孔，有效抑制甘蔗自然热量和水分的散发，防止短时低温霜冻造成的寒害。

⑤调整砍运计划，有效降低灾损。受害较重的甘蔗尽快砍收，受灾较轻的甘蔗适当恢复后再砍收，减少对宿根蔗生产的影响和蔗农的损失。

⑥科学田间管理，增施肥料。对已收获留宿根的蔗地，在霜冻结束前，不宜开垄松蔸；用薄膜或蔗叶覆盖，保护蔗芽。霜冻结束后，及时开垄松蔸、补植，增施有机肥或速效肥，加强田间管理，促进甘蔗发芽出苗及幼苗生长。

（七）油菜冻害

1. 灾害症状　油菜是我国主要的三大油料作物之一，根据《全国大宗油料作物生产发展规划（2016—2020 年）》资料表明，我国油菜优势产区包括长江中下游冬油菜产区、西南冬油菜产区和西北春油菜产区，其中，长江中下游冬油菜产区（包括江苏、浙江、湖北、湖南、江西、安徽及河南信阳地区）的油菜种植面积和产量均占全国的 60% 左右，是全国油菜面积最大、分布最集中的产区，该区油菜的生长周期跨越秋、冬、春季。低温冻害是影响长江中下游地区油菜生长的主要气象灾害，尤其是油菜越冬期和蕾花期的低温冻害对油菜产量的影响较大。

油菜越冬期适宜的低温有助于冬油菜通过春化作用，然而温度过低于－5℃时会发生油菜冻害，对油菜的茎叶或根部组织造成伤害。由于叶片外露，一般叶片先于根部受冻。如果入冬时剧烈降温，油菜未得到抗寒锻炼，油菜田的弱苗和浅播苗都易受冻死亡。受冻后的油菜叶片，轻者皱缩发白，重者细胞内部结冻、细胞失水，叶面出现水烫状斑块，然后叶片变白、枯死；根茎畸形膨大、表皮破裂，严重者组织失水干枯。

　　油菜在现蕾期、抽薹期、开花期对低温敏感，如遇"倒春寒"天气，当气温降到0℃以下，就会发生油菜晚霜冻害，会使油菜叶片、蕾、花、薹都受冻。叶片受冻后叶背下表皮与叶肉分离，气孔关闭，光合作用下降。受冻轻的花蕾变红后掉落，形成分段结实现象，薹呈水渍状，轻则表皮裂开，重则木质部开裂，不抗倒，易折断枯死。油菜蕾、薹受冻、生殖生长受阻，对产量损失较大。春性强、抽薹早的油菜品种，如果早播、碰上暖秋，提前发育，施氮多的旺长株，尤其易受春霜冻危害，导致花荚大量脱落、减产。

　　油菜冻害的温度指标：油菜生长发育要求的温度为0～32℃，当温度降低到0℃以下时，地上部停止生长，易发生冻害。试验结果表明，日最低气温0℃是油菜蕾花期冻害临界温度，低于临界值，花蕾易受冻害，影响产量。日最低温度－5℃是油菜越冬期冻害的温度临界值。油菜越冬期日最低气温－5℃，会发生油菜轻度冻害；日最低气温－7℃～－5.1℃，可发生油菜中度冻害；日最低气温低于－7.1℃，发生油菜重度冻害。

　　2. 防抗技术　油菜冻害的防灾减灾技术主要包括 5 个方面：

　　①筛选品种，适时播种。根据各种植区冻害发生规律，选用不同抗寒品种。如安徽和江苏发生油菜越冬期和蕾花期冻害

较多，可选择晚熟品种、多抗品种，如扬油 5 号、苏油 7 号等；而浙江等越冬期和蕾花期最低温度较高的地区，可选择中早熟油菜品种。根据品种特性，合理安排播种期，使幼苗在越冬前形成壮苗。过早和过晚都会降低油菜的抗寒能力。播栽过早，油菜冬前易现蕾开花；播栽过迟，苗弱，均易遭受冻害。对早播冬前出现早薹早花的，要及时摘薹，推迟生育进程，增强御寒能力。长江下游地区油菜的适播期一般在 9 月中旬至 10 月中旬，适播期内应尽量早播。

②适时施肥，科学用量。油菜大田要施足基肥，多施有机肥和磷钾肥，早施苗肥，适时适量施好腊肥，实现油菜冬壮、春发、稳长。苗期是油菜生长周期中肥料需求最多的阶段，施追肥要早，在油菜活棵后即可施用。腊肥以有机肥为主，不仅能确保油菜越冬期和抽薹开花期的营养，还可提高地温 $2\sim3℃$，起到防寒保暖的效果。春季要避免施用过多氮肥或过迟施用氮肥，防止油菜在春季生长过旺，以减少受霜冻危害概率。

③培土壅根，田间覆盖和灌防冻水。油菜须根裸露在外最易受冻，在封冻前，结合中耕进行培土 8～10 厘米，有增温保墒和保叶防冻的综合作用，能够防止低温对油菜根茎的直接侵袭。在油菜田行间铺盖作物秸秆、谷壳等，保护油菜根部少受低温霜冻侵害。在叶面撒谷壳或草木灰，可防止叶片受冻。在冰冻或寒潮来临前对油菜田灌水，能起到保温作用，减轻冻害，尤其是对干冻的防止效果更好。灌水应随灌随排，保持土壤湿润，以免因涝伤根。

④摘除冻薹，追施速效肥。对已遭受蕾花期冻害的油菜，要摘除冻薹，以促进基部分枝生长。应选在晴天摘薹以免造成伤口腐烂，同时，清除冻伤叶片，防止冻伤影响整个植株。摘薹后追速效氮肥，以促进油菜恢复生长，但可能引起油菜易贪

青迟熟，可适当推迟收获。

⑤喷施生长调节剂，培育壮苗。油菜 6～7 片真叶时期，在油菜叶面喷施多效唑，能使油菜苗矮壮、叶色加深、叶片增厚，还可防止早抽薹，增强油菜的抗寒能力。油菜越冬期，在油菜叶面喷施磷酸二氢钾和硼肥溶液，可增强油菜自身御寒能力。

（八）蔬菜冻害

1. 灾害症状 平均气温 5～25℃ 期间是蔬菜生长适宜时期。大多数蔬菜在温度低于 5℃ 后，生长缓慢或基本停止，环境温度继续下降，就会发生蔬菜冷冻害（表 1）。晚秋、冬季和早春是蔬菜最易发生冻害的时期，晚秋的蔬菜冻害主要是初霜冻危害未收获的露地蔬菜，冬季主要是越冬蔬菜冻害，早春的蔬菜冻害主要是一些喜温蔬菜定植后遇晚霜冻危害。

持续低温下，蔬菜生长势弱，生长会延缓或停止。其中，叶菜、根菜、茎菜类蔬菜产量会降低，茄果类蔬菜开花、坐果期易发生落花落果、坐果减少、畸形果率升高。北方越冬叶菜冻害使得地上部分叶片冻枯，但只要根茎存活，来年早春仍能迅速生长和收获。长江中下游越冬叶菜遭遇冻害，一般只危害地上部分，如越冬菜的叶缘被冻枯等，但生长点处于地下，不会被冻死；但如果蔬菜在冬前生长过旺，使生长点露出地面，遇强寒潮或持续严寒，生长点就可能被冻死。

蔬菜遭遇冻害后，刚萌芽的种子受冻，会引起腐烂；叶片受冻，轻者叶缘失绿、叶色变白，光合作用减弱，严重的如开水烫状、脱水萎蔫、逐渐干枯；根系受冻，轻则停止生长，不能长出新根，老根发黄，重则变黑、枯烂死亡；生长点受冻，顶芽停止生长、变色，或呈水渍状溃疡而死；枝茎受冻，初期

表 1 主要蔬菜冻害等级指标（日最低气温）

单位：℃

蔬菜种类	轻冻			中冻			重冻		
	苗期	开花期（中期）	乳熟期（食用期）	苗期	开花期（中期）	乳熟期（食用期）	苗期	开花期（中期）	乳熟期（食用期）
黄花菜	-1.5~-1.0	-3.0~-1.5	-3.0~	-3.0~-1.5	-4.0~-3.0	-4.0~-3.0	-4.0~-3.0	-5.0~-4.0	-4.0
芫荽	-8.0~-7.0	-2.0~-1.0	-3.0~-2.0	-9.0~-8.0	-3.0~-2.0	-4.0~-3.0	<-9.0	<-3.0	<-4.0
豌豆	-5.0~-4.0	-2.0~-1.0	-3.0~-2.0	-6.0~-5.0	-3.0~-2.0	-4.5~-3.0	-8.0~-6.0	-4.0~-3.0	<-4.5
蚕豆	-4.0~-3.0	-2.0~-1.0	-3.0~-2.0	-6.0~-4.0	-3.0~-2.0	-4.0~-3.0	<-6.0	<-3.0	<-4.0
胡萝卜	-5.0~-3.0		-4.5~-3.0	-7.0~-5.0		-6.0~-4.5	<-7.0		-6.0
萝卜	-3.0~-2.0		-3.0~-2.0	-4.0~-3.0		-5.0~-3.0	<-4.0		<-5.0
菜豆	-0.5~1.0	-0.5~0.5	-1.5~-0.5	-1.5~-0.5	-1.5~-0.5	-2.5~-1.5	<-1.5	<-1.5	<-2.5
番茄	0~1.0	0~1.0	0~1.0	-1.5~0.0	-1.5~0.0	-2.0~0.0	-3.0~-1.5	-3.0~-1.5	-3.0~-2.0
黄瓜	1.0~2.5	0~1.0	1.0~2.0	0~1.0	-1.0~0.0	-1.0~1.0	-1.5~0.0	-2.0~-1.0	-2.5~-1.0
大白菜	-2.0~-1.0		-4.0~-3.0	-3.0~-2.0		-6.5~-4.0	-4.5~-3.0		<-6.5
茄子	0~1.5		0~1.0	-1.0~0.0		-2.0~0.0	-2.0~-1.0		<-2.0
青椒	1.0~2.0		0~1.0	-1.0~1.0		-1.5~0.0	-2.0~-1.0		<-1.5
甘蓝	-5.0~-4.0		-6.0~-5.0	-7.0~-5.0		-8.0~-6.0	<-7.0	-4.0~-3.0	<-8.0
芜菁	-6.0~-4.0		-7.0~-6.0	-7.0~-6.0			<-7.0		
芥子菜	-4.0~-2.0		-3.0~-2.0	-6.0~-4.0		-4.0~-3.0	<-6.0	<-3.0	<-4.0

变为紫红色，然后变黑枯死；花朵受冻，很快变褐腐烂；果实受冻，表现为水渍状斑，变色、软化、皱缩或变黑腐烂。

蔬菜冻害的温度指标：不同种类的蔬菜耐寒性不同，一般叶菜类对低温的耐受力较好，如十字花科蔬菜、菊科蔬菜、伞形科蔬菜，在0℃还可以成活；而瓜类及茄果类蔬菜的耐寒性较差，如黄瓜在3～5℃时，生理机能即出现障碍。蔬菜不同生长时期耐寒性也有差异，一般生殖生长阶段易发生冻害、幼苗受冻重于成株。主要蔬菜冻害的温度指标见表1。

2. 防抗技术　蔬菜冻害的防灾减灾技术主要有4个方面：

①筛选品种，适时播种。选用蔬菜耐寒品种，根据不同蔬菜种类/品种的耐寒特性，科学安排播种时间。生育期长、耐寒性强的蔬菜可在9～10月播种，11～12月中旬前移栽，在初霜前缓苗；耐寒性较差的蔬菜可安排在12月至次年2月播种，采用温室育苗，在2月下旬至3月下旬先进行小拱棚覆地膜（双膜覆盖）栽培，在气温稳定在12℃以上时揭掉小拱棚进入露天栽培。幼苗移栽前，要进行逐渐降温炼苗，以提高其抗寒冻能力。

②施用热性肥料，控制氮肥用量。适当多施腐熟或半腐熟的猪粪、马粪、草木灰等热性肥料，适当控制氮肥用量，可有效地促进植株健壮生长，防止植株徒长，提高蔬菜自身的抗寒能力，减轻冻害的发生。

③培土护根，覆盖保护。在霜冻来临前结合中耕除草，碎土晒干后培土（7～8厘米）护根，可疏松土壤、提高土温，又直接保护根部，增强根系活力，尤其是对高脚苗蔬菜，培土防冻效果明显。对于耐寒性较差的蔬菜，在低温冻害天气来临前，用地膜、稻草、草帘等覆盖在菜畦或蔬菜上，保护蔬菜不直接受低温侵袭，在回暖后及时撤除覆盖物，否则会把菜苗捂黄。

④沟灌提温，喷施防冻。冻害来临前进行沟灌，来提高土温，减少根系受冻，同时有利于冻后植株体内水分平衡，促进蔬菜恢复生长。但冬季多雨雪地区一般不灌溉，雨雪后要及时排水。冻害来临前1～2天喷施0.2％～0.3％的磷酸二氢钾溶液，也可提高蔬菜的抗冻能力。

（九）果树冻害

1. 灾害症状　果树冻害是指温带和亚热带果树遭受的0℃以下较强的低温危害，包括冬季冻害和春秋霜冻害，冬季冻害是果树越冬休眠期受零下较强低温的危害，霜冻害是春秋季果树生长期间的接近0℃的零下低温及水汽在果树上凝结成霜所造成的危害（表2）。我国东北、西北和华北北部，几乎每年都有果树冻害发生；冻害也是南方柑橘生产的主要气象灾害。

越冬期果树遭遇冻害，温度过低且变化剧烈伤害果树细胞组织，使之受伤或死亡。这种冻害，根茎及树干10～15厘米高处最易受害。根茎受冻后，树皮局部变黑干枯、引起树势衰弱，或伤害形成环状，可能导致果树死亡。树干受冻后，皮层变黑，有时皮部形成纵裂。嫩枝也容易受冻，由于其保护性组织不发达，受冻后脱水、干枯死亡。多年生枝受冻，表现为树皮下陷或开裂，内部由褐变黑，组织死亡，严重时大枝条也相继死亡；冻害较轻未对枝条形成层造成伤害时，冻害后可恢复。根系受冻后变褐，皮层与木质部分离。根系冻害不易被发现，但受冻严重时会严重影响地上部分的生长，如引起果树春季萌芽晚或发芽不整齐，或在放叶后又出现干缩等现象。

春季果树的晚霜冻对果树的花芽和幼果危害极大，发生越晚危害越大。花芽遭受春霜冻害，轻则内部组织变褐，引起花器发育迟缓或呈畸形，影响授粉和结果，造成减产；春晚霜冻害严重时，花芽、花序冻死，即使留下的花蕾也不易坐果。幼

表 2　主要果树霜冻害等级指标（日最低气温）

单位：℃

	果树种类	苹果	梨	桃	樱桃	草莓	杏	李子
轻霜冻	花芽膨大期	−3.0~−2.0	−3.0~−2.0	−4.0~−2.0	−2.0~−1.0	−6.0~−4.0	−4.0~−3.0	−4.0~−2.5
	花蕾期	−2.0~−1.0	−2.0~−1.0	−2.5~−1.0	−2.0~−1.0	−4.0~−2.0	−2.0~−1.0	−2.5~−1.5
	初花期	−2.0~−1.0	−1.5~−1.0	−2.0~−1.0	−1.5~−0.5	−3.0~−1.5	−2.0~−1.0	−2.0~−1.0
	盛花期	−1.5~−0.5	−1.0~−0.0	−2.2~−1.0	−1.0~−0.0	−3.0~−1.0	−2.0~−1.0	−2.0~−1.0
	初果期	−1.0~−0.5	−1.0~−0.0	−2.0~−1.0	−1.0~−0.0	−3.0~−1.0	−2.5~−1.5	−2.0~−1.0
中霜冻	花芽膨大期	−4.0~−3.0	−3.8~−3.0	−6.0~−4.0	−3.5~−2.0	−7.5~−6.0	−6.0~−4.0	−5.0~−4.0
	花蕾期	−3.0~−2.0	−2.7~−2.0	−3.5~−2.5	−3.0~−2.0	−6.0~−4.0	−4.0~−2.0	−3.5~−2.5
	初花期	−2.7~−2.0	−2.2~−1.5	−3.0~−2.0	−2.3~−1.5	−5.0~−3.0	−3.2~−2.0	−3.0~−2.0
	盛花期	−2.5~−1.5	−2.0~−1.0	−3.2~−2.2	−2.0~−1.0	−4.0~−3.0	−3.0~−2.0	−2.5~−2.0
	初果期	−2.0~−1.0	−1.8~−1.0	−2.8~−2.0	−1.8~−1.0	−5.0~−3.0	−3.5~−2.5	−2.8~−2.0
重霜冻	花芽膨大期	<−4.0	<−3.8	<−6.0	<−3.5	<−7.5	<−6.0	<−5.0
	花蕾期	<−3.0	<−2.7	<−3.5	<−3.0	<−6.0	<−4.0	<−3.5
	初花期	<−2.7	<−2.2	<−3.0	<−2.3	<−5.0	<−3.2	<−3.0
	盛花期	<−2.5	<−2.0	<−3.2	<−2.0	<−4.0	<−3.0	<−2.5
	初果期	<−2.0	<−1.8	<−2.8	<−1.8	<−5.0	<−3.5	<−2.8

果受春霜冻后，轻时不影响坐果，但影响果实表观，生长缓慢，畸形果会比较多；霜冻严重时，果实种子会变褐色，外表皮层变色，很快就会落果。

秋末的早霜冻害主要危害一些生长结果较晚的果树，表现为叶片和枝梢提前枯死，果实不能充分成熟，降低果实品质和产量。秋霜冻害严重时，果树主枝部分或整个树冠全部死亡。

果树冻害的温度指标：果树受冻害的温度指标因树种和树龄不同而异。亚热带果树如宽皮橘、甜橙、柠檬发生冻害的最低温度指标分别为−9℃、−7℃、−5℃；温带果树苹果、葡萄、梨、桃的成龄树发生重冻害的临界低温分别为−30℃、−16℃、−20℃和−23℃。同一果树在生长发育的不同时期，其抗霜冻的能力也不一样，如梨树，在幼蕾期间抵抗霜冻能力最强，随后逐渐变弱，到开花至落花期间最弱，−2.0～−1.7℃就受害，以后又逐渐变强。主要果树霜冻害的温度指标见表2。

2. 防抗技术　果树冻害的防灾减灾技术主要包括6个方面：

①加强生长期的栽培管理，提高果树抗寒能力。春季加强水肥管理，防治病虫害，保证果树健壮；夏季适期摘心，促进枝条成熟；后期控制灌水，有利于组织充实；冬前修剪疏枝和人工落叶可减少营养消耗，更新复壮，提高木质化程度，提高御寒抗冻能力。

②分期分批采果，减少枝梢的养分消耗。在果实采摘后，及时施肥，提高果树越冬前树体营养，以增强果树抗寒能力。在施足腐熟有机肥的同时，氮肥适量、增施磷钾肥，控旺促壮，为果树越冬提高抗寒能力。

③灌封冻水，防御冻害。在出现夜冻昼消时灌水，结合热性肥料施用，提高地温，保护果树防御冻害。

④树盘覆盖、树干涂白。入冬前，用秸秆、柴草等覆盖果树树盘，可提高土壤温度，覆盖物腐烂后又能增加土壤有机质。也可用草帘、草席等覆盖树体，可显著减轻果树冻害。用石硫合剂给果树树干涂白，增强树干对阳光的反射、减小树干主枝条温度的骤变可能引起的冻伤；还可以防治越冬病虫害。

⑤冻害前夜，熏烟增温。在冻害来临前，采用熏烟法生烟增温。

⑥冻后清理，护理伤口。果树受冻后，要及时清理掉冻害损伤的枝条/梢，并涂抹伤口愈合剂再用塑料条包裹，有利于伤口愈合和防御病虫害。

（十）热带亚热带作物寒害

1. 灾害症状 寒害是指热带作物和某些亚热带作物的零上低温危害，因气温降低引起物种生理机能上的障碍，从而使植物遭受损伤的农业气象灾害，在我国通常称为华南寒害，主要发生在冬季（12月到次年2月）。

当强冷空气南下，温度降低到热带作物受害温度时，就会遭受寒害。寒害会抑制植株的生长发育和植株活力，导致植株体内的生理参数发生变化。植物遭受寒害后其形态特征也会发生变化，如叶片枯萎、叶片和茎干的颜色改变，在果实生长期遭遇寒害则会造成果实的颜色发生改变，果实木质化程度增加以及出现烂果和落果等现象。不同作物受寒害后的具体症状也不同，如橡胶树受寒害以后，顶芽、叶片、嫩梢焦枯，树枝或树干爆皮流胶、干枯及根部死亡；椰子受寒害后出现叶枯、果凋以致全株死亡。

寒害对作物的危害程度受物种类型、生长发育阶段、寒害温度和低温持续时长、地形因子及防灾减灾措施等一系列因素的综合影响。不同作物的耐寒性差别较大，同一作物不同品种之间的寒害敏感度也存在较大差异。总体而言，果树等木本植物的抗寒性高于粮食作物或蔬菜等草本植物，本地种相比外来引进种具有更强的抗寒能力，迟熟品种相比早熟品种抗寒性较强；作物在不同的生长发育阶段其抗寒性差别也较大。幼苗阶段的植株抗寒性普遍较差，更易受到寒害的影响，随植株年龄的增长其抗寒能力也随之增强。此外，处于花期或果期等生殖生长期的植物耐寒性要弱于营养生长期。地形会通过改变植物生长的小气候来影响作物所受寒害的影响程度。随纬度的增加和海拔的上升，作物受寒害影响程度也随之增加。坡度和坡向也会影响作物的寒害程度，南坡和西南坡的寒害程度相对较轻，东南坡、西坡和东坡次之，西北坡、北坡和东北坡的寒害程度最高。平流型寒害会导致坡上寒害重于坡下，辐射型寒害和混合型寒害的坡上寒害则轻于坡下。作物在地势较高的山脊处所受到的寒害程度较低，这主要归结于地形较为开阔处冷空气不易长期沉积。

热带亚热带作物寒害的温度指标：日最低气温降低到寒害临界温度以下就判断寒害过程的开始，因此可用寒害临界温度来辨识寒害的发生。5℃是我国华南地区最常用的寒害临界温度。但由于不同物种的耐寒性差别较大，要准确获得寒害的辨识指标需要综合考虑物种、寒害类型、低温条件及经济林果对低温的适应能力等因素。综合近年来华南寒害研究的结果发现，我国华南主要作物寒害临界温度介于 0~15 ℃（表3）。

2. 防抗技术　热带、亚热带作物寒害防御要根据不同时间采取不同措施。冬前，在晴朗天气用石灰浆或石灰浆加硫酸铜涂树木的主干，可以保温、防病、防虫；冬季用稻草或茅草围住树干防寒，春季天气转暖后除掉稻草或茅草并烧毁，以减少病虫害；寒害来临前，开展地膜覆盖、灌溉、喷水保湿或熏烟等措施均可有效降低寒害程度，也可喷施磷酸二氢钾、腐殖酸或其他植物抗寒剂提高植株抗寒能力；寒害发生后及时清理冻死苗木，防止病菌感染传播也有利于降低寒害程度。

表 3　主要热带亚热带作物的寒害临界温度

单位：℃

作物	橡胶	椰子	腰果	胡椒	咖啡	油棕	可可
寒害临界温度	10	8	15	10	2	10	10
作物	香蕉	柚木	龙眼	荔枝	火龙果	番木瓜	芒果
寒害临界温度	5	5	0	5	4	10	3
作物	木薯	杨桃	甘蔗	辣椒	菠萝	莲雾	剑麻
寒害临界温度	5	5	2	12	8	5	10

防抗农业阴雨渍害技术

一、基本概念

（一）阴害

阴害指由于光照不足导致作物的光合作用降低，对作物生理形态、生长发育及产量等造成的损害。

（二）日光温室低温寡照

日光温室低温寡照指秋末到春初季节，连续的阴雨或雾霾天气使得外界太阳光线减弱、日照不足或无日照，日光温室内温度降低，光照减少，不能满足作物正常生长发育的天气过程。考虑到区域分布的差异，低温寡照灾害指标定义应当根据实际情况进行本地化。以河北地区为例，低温寡照灾害分为轻度、中度和重度灾害，对外界气温的要求为 10 月和 11 月外界最低气温小于 7℃，12 月到次年 1 月外界最低气温小于 10℃时，当连续 3 天无日照或连续 4 天有 3 天无日照，另外 1 天的日照时数小于 3 小时定义为轻度灾害；当连续 4～7 天无日照，或连续 7 天以上日照时数不超过 3 小时，或一个月内出现 2 次轻度低温寡照，则定义为中度灾害；当连续无日照日数超过 7 天，或连续 10 天以上日照时数不超过 3 小时，或一个月内出现 2 次中度低温寡照，则为重度灾害。辽宁地区低温寡照的指标兼顾了日光温室内的最低温度和逐日光照时数小于 3 小时的持续时间，当日光温室内最低气温大于 2℃且小于 5℃时为轻度低温灾害，小于 2℃时为重度低温灾害，寡照则以 3 天和 5 天作为轻度和重度的灾害标准。江苏地理位置相对更南，低温界定为，当室内平均温度大于等于 8℃且小于等于 12℃，为轻度低温灾害；大于等于 5℃小于 8℃时，定义为中度低温灾害；而当室内温度低于 5℃时，则定义为重度低温灾害。不同蔬菜对光、温、水的要求不同，在确定低温寡照的指标时也应根据蔬菜种类进行适当调整，如黄瓜寡照的轻度、中度和重度指标分别为逐日光照时数小于 3 小时的持续时间为 3～6 天、7～10 天、大于 11 天，而番茄对应的指标则分别为 5～9 天，10～14 天、大于 15 天。

（三）烂场雨

小麦等作物成熟期短，受天气条件的制约，对收获的时间具有较高的要求。成熟收获期的连阴雨天气将使得小麦的收获进程受阻，导致籽粒发芽霉变，严重影响小麦的品质和产量，俗称烂场雨，是一种灾害性天气。烂场雨的发生与大范围雨带的南北位移有关，源源不断的水汽输送，配合强烈的上升运动，激发不稳定能量的释放，从而形成大范围的连阴雨天气。影响北方麦区烂场雨的环流场主要是阻塞高压和贝加尔湖附近的冷涡，而长江流域则主要受副热带高压系统的调制，当副高偏强、梅雨偏早时，小麦收获期与早梅雨相遇，增加发生烂场雨的可能。烂场雨的界定标准因其发生区域的不同而不同。华北地区多发生在 5 月下旬至 6 月中旬，定义为连续雨日大于等于 3 天且过程降水量大于等于 40 毫米；黄淮、江淮和江汉地区烂场雨多发生在 5 月下旬至 6 月中上旬，定义为连续雨日大于等于 5 天且过程降水量大于等于 50 毫米，当连续雨日小于等于 4 天，但过程降水量较大（即至少有一个暴雨日）产生严重的洪涝灾害时也认定为一次烂场雨过程。烂场雨发生具有明显的年际、年代际变化特征，以江淮地区为例，其发生频率为十年两遇，在 20 世纪 90 年代受灾更为严重。

（四）华西秋雨

华西秋雨是一种发生在我国西部地区的秋季特殊天气现象。秋季，大气环流由夏半年向冬半年转变，而我国西部地区位于青藏高原东侧，秋季频繁南下的冷空气因受云贵高原和秦岭等大地形的阻挡与停滞在该区的暖湿空气相遇，导致低层锋面活动加剧，产生较长时间的阴雨，形成仅次于夏季降水的一个秋季次高峰。这种我国华西地区特有的秋季多雨的特殊天气现象即为华西秋雨。华西秋雨的主要影响区域包括四川盆地的东部和南部，以及渭水和汉水流域，涉及的省份和地区有甘肃、山西、重庆、四川、贵州、湖南、湖北和云南，尤其以陕南到川北最为典型。华西秋雨的主要特色表现为绵绵细雨，雨量可能不大，但是降水日数持续时间较长。

（五）连阴雨

连阴雨指连续阴雨 3～5 天或以上的阴雨天气现象，其间允许有短暂日照的出现。连阴雨的形成主要受大气环流的调制，是一种大范围的天气过程，它会使作物生长发育不良，并最终影响产量和品质（图 19）。

图 19　连阴雨

二、防抗农业阴雨渍害

(一) 水稻

1. 灾害症状　水稻是中国的主要粮食作物，在中国的分布极广，其中长江中下游地区是水稻的主要产区。水稻是喜温好湿的短日照作物，但其生长期内如若遭遇连续的阴雨天气仍将对水稻生长发育造成重要的影响。连阴雨天气是一种复合型气象灾害，对农业生产的危害主要是由降水累积量较大、日照时间过少和低温持续时间较长导致，即与降水量、日照和低温有关。根据水稻的生长发育过程，结合当地的天气气候条件，连阴雨指标存在一定的差异，通常将降雨持续时间、过程降水量和日照时数作为主要的致灾因子，有的地区则兼顾考虑日平均温度和日最低温度对水稻的影响。

发生在春季的连阴雨天气，常对水稻育秧造成不良影响。伴随连绵阴雨而发生的低温导致其生理机能发生障碍并出现死苗的情况。同时，由于秧田积水时间过长，土壤透气性差，导致根系生长受到抑制，而芽细胞则迅速生长，出现不生根只长芽的状况，倒卧在水里的种芽，易出现软腐等病害，造成水稻烂种。由于根系吸收养分的能力降低，叶片光合作用减弱，秧苗在形态上会出现根冠比增加的情形，形成"高脚苗"，同时病菌滋生，出现烂秧。存活的秧苗因为生长较弱，当天气骤晴，温度增加，造成叶面蒸发加大，而根部吸水不足，植株水分失调出现秧苗青枯而死的不利状况，俗称"青枯病"。

水稻抽穗扬花期的连阴雨使环境湿度增大，植株蒸腾作用缓慢，水稻花药破裂无法正常授粉，空瘪粒增加，影响水稻结实。与此同时，湿润的环境对稻曲病、稻瘟病的发生极为有利，将显著影响水稻的产量和品质。

水稻收获期遭遇连阴雨天气，使得收割活动无法正常开展，影响收割进度，尚未收割的水稻出现植株倒伏症状，首先表现为局部小面积倒伏，伴随降雨日数的持续引发连片倒伏，并引发稻穗发芽；已被收割的水稻因未及时晒干而发生霉变，甚至出现"烂稻场"，严重影响水稻的产量和品质。

2. 防抗阴雨、渍害技术 水稻防抗阴雨、渍害技术因不同生育阶段而不同。

应对秧苗期连阴雨的主要防治措施有：①关注天气气候变化，适期抢晴播种，合理确定播种密度；②合理确定秧田的选址，选择地势较高地区，并做好相应的排水设施；③连阴雨出现后，应及时清理田间沟渠，排除积水；④喷洒农药，防治病虫害，绵腐病和立枯病，可使用浸种杀菌剂等，秧田后期发生稻瘟病可用有机磷杀菌剂等防治。

水稻抽穗扬花期连阴雨防灾减灾措施有：①深挖排水沟，保证稻田无积水，降低稻田湿度，促进水稻在停雨间隙开花授粉；②适当追肥，保证营养物质的供给，促进水稻后续的生长发育；③防治病虫害的发生，喷洒药效较好的药剂达到预防和治疗的目的，但需要注意用药量，不可过量使用，如防治稻瘟病等的唑类杀菌剂的过量使用，在水稻生长已经受到抑制的情况下，可能会加重水稻授粉的难度；④对于已经发生抽穗困难的稻田，建议喷施赤霉素，促进水稻抽穗，减少因无法抽穗造成的损失。

水稻收获期连阴雨的防灾减灾措施有：①根据当地气候变化特点，调整优化水稻品种，增强对灾害天气的抵抗能力；②关注收获期天气预报，合理安排收割期，稻穗成熟后要及时安排抢收；③倒沟排水，降低稻田土壤湿度，减轻植株程度，为机械收割提供可能，对于已倒伏的稻田应尽快进行人工收割；④使用相应的风干设备对稻谷进行烘干，避免籽粒生芽。

（二）小麦

1. 灾害症状 小麦是中国三大粮食作物之一，在国民经济中占有重要地位。小麦是一种喜光和长日照作物，其产量和品质受外界气象要素的影响，主产区位于黄淮海地区和长江中下游地区。连阴雨天气导致日照强度较弱，日照时数减少，空气湿度增大，将对小麦的生长发育产生重要影响。连阴雨灾害是多个气象要素异常的综合反映，其主要的致灾因子包含降雨持续天数、过程降水量以及日照时数。当小麦种植区临近河流湖泊时，由于区域内地下水位较高，为连阴雨灾害的发生提供了客观条件。同时，种植区排灌设施的好坏也是影响连阴雨灾害的重要外部条件。

适期播种是小麦获得高产的重要环节，"白露早，霜降迟，寒露种麦正当时"指出寒露是播种小麦的适宜季节。但当小麦播种前遭遇连阴雨天气时，前茬作物不能及时收获腾茬，导致小麦播种推迟。播种过晚将使得小麦出苗时间延长，始蘖发生延迟，叶片生长缓慢，光合作用较差，造成弱苗过多，进而导致越冬期间无法抵抗低温而出现死蘖、死苗现象。而当播种期出现连阴雨将使得土壤湿度增大，农田过于泥泞不能及时整地、施肥，甚至造成烂种，影响播种质量。播种后出现连阴雨，则使得土壤通气不良，影响种子出苗发芽，导致出苗率较低。

小麦灌浆期间的连阴雨天气，造成土壤缺氧，植株根系生长受阻，叶片萎蔫甚至早枯死亡。同时，花粉粒因吸水膨胀导致破裂死亡，小麦授粉不良，造成大面积"花而不实"。另外，持续的阴雨天气使得叶片衰老，光合性能降低，灌浆速度降低甚至停止，且灌浆历期缩短，茎秆中的光合产物向籽粒的转移速度减慢，籽粒无法得到足够的有机物进行充实而变得干瘪，导致千粒重下降。严重的连阴雨甚至使得小麦穗上发芽，籽粒霉变。与此同时，灌浆期的连阴雨极易诱发赤霉病、条锈病等病虫害的暴发扩展，严重影响小麦的产量和品质。

小麦成熟收获期遭遇连阴雨天气，会造成小麦穗上发芽，诱发小麦赤霉病、锈病等病虫害的盛行。同时，连阴雨天气导致农田内土壤湿度增大，农民无法下田劳作，农机无法高效实用，严重影响小麦的收获进度，造成收割脱粒困难，脱粒后籽粒无法及时晾干，使得增加呼吸消耗，导致千粒重及产量大幅下降，甚至导致籽粒发芽、霉烂等。

2. 防抗阴雨、渍害技术　小麦防抗阴雨、渍害技术因不同生育阶段而不同。

小麦播种出苗期的连阴雨天气可采取以下措施降低损失：①选择播期幅度弹性较大的小麦品种，并采用机械播种，改进栽培技术，最大限度争抢播种期，对于已经发生的迟播，应进行温汤浸种，适当浅播，促进发芽出苗，与此同时，应适当增加播种密度；②出苗后应尽早追施肥料，保证养分供应，保护分蘖成活；③苗期连阴雨造成苗势较弱，易受冻害，因此在越冬期要适当施用渣草等，防冻护苗。

小麦灌浆期间连阴雨天气的防抗措施有：①推广种植抗病且增产潜力大的品种，增强抵抗灾害的能力；②疏通沟渠，排水降湿，保证降水过后麦田内无积水，保障根系正常呼吸；③进行叶面追肥，防止叶片早衰，提高光合作用，提高灌浆速度；④注意磷钾肥的补充，促进麦秆健壮，减少麦秆倒伏，对于由于连阴雨的发生已经倒伏的植株，可在天气放晴后，用竹竿抖落茎叶上的雨水，帮助植株恢复挺立；⑤重视麦田病虫害的发生动态，适时喷洒农药，并注意要喷匀打透，喷药后再次遭遇雨天应适时进行补喷药剂，提高防治效果。

小麦成熟收获期防抗连阴雨天气的措施有：①关注当地天

气预报，在晴天进行小麦的抢收，并采用机械作业，提高工作效率；②及时烘干入库，做好仓储工作，对于无法烘干的情形，可将小麦进行密封，使得籽粒缺氧，从而抑制其生命活动，也可采用化学方法，使小麦的酶处于不活动状态，防止籽粒发芽，也可将杨树枝等放入麦堆，尽快消耗麦堆内的氧气，避免籽粒生芽。

（三）棉花

1. 灾害症状　棉花是中国重要的经济作物，中国有 3/5 的国土面积可种植棉花，主要包括长江流域棉区和黄河流域棉区等。长江流域棉区南起福建戴云山，北至秦岭、淮河，西起川西高原，东至沿海，其水热条件良好，夏季日照充足，但该区秋雨常盛行连绵阴雨，导致土壤湿度增加，光照时间不足，光照度减弱，同时伴随着一定程度的低温，对棉花生长极为不利。黄河流域棉区位于长江流域以北至山海关止，西起陇南并向东延伸到沿海地区，其夏季的连阴雨天气将严重影响盛花期蕾铃的脱落比例，减少棉花的产量。总体而言，光照不足、降水量大、降水持续时间长是造成连阴雨天气棉花品质和产量受损的主要致灾因子。

棉花是一种喜温、好光、怕涝作物，发生在其不同生育期内的连阴雨天气将对棉花生长发育造成不同程度的损害。播种和出苗期遇到连阴雨天气可造成棉花的烂种、弱苗、死苗。具体而言，连绵阴雨出现在播种前会使得棉花播期延迟；出现在播种后，会使得棉花烂种烂芽，出苗缓慢，苗势良莠不齐；出现在出苗后，会使得幼苗生长缓慢，病虫害加剧，影响成活率。

蕾铃期是棉花生长的旺盛阶段，此时植株生理活动旺盛，能积累 70% 以上的生育期总干物质量，此时遭遇连阴雨天气将对棉花生长带来巨大危害，主要表现为两种症状。一种症状为"未老先衰"，即植株弱小，推迟现蕾且授粉受阻，结铃少而小，成熟较早但产量较低。处于蕾铃期的棉田郁闭，枝叶重叠，透光、透风性差，日照时数和光照度不足，使得棉花新根难以发育，老根变成黄褐色甚至褐色，新叶失绿发黄，老叶逐渐变为红褐色，使得棉株光合作用减弱，养分供不应求，导致棉铃大量脱落。通常，雨势越大、雨期持续时间越长，棉铃脱落状况越严重。另一种症状为"高、大、空"，棉株疯长，导致营养生长和生殖生长失衡，蕾铃脱落率高，结桃少，产量低。

棉花吐絮期是决定棉纤维质量的关键时段，发生在此时的连阴雨天气，使得土壤和空气湿度增加，光照不足，导致棉株中下部棉铃霉烂，秋桃增重和纤维伸长受阻，采摘晾晒无法及时完成，加之铃病的盛行致使棉桃脱落，僵瓣过多，最终影响棉花的产量和品质。棉农应关注天气预报，重视该期的管理。

2. 防抗阴雨、渍害技术 棉花防抗阴雨、渍害技术因不同生育阶段而不同。

棉花播种和出苗期防抗连阴雨天气的技术有：①关注天气预报，加强地膜等技术的推广使用，做到适期播种，提高播种质量；②中耕松土，及时排水，降低土壤湿度，增加土壤透气性；③查苗补苗，定苗时留大苗去小苗；④防治病虫害，采取相应的农业措施配合药剂的喷洒，比如在棉株附近施撒草木灰，达到降湿除菌的目的，药剂则可选用适当配比的可杀得等。

蕾铃期可采取的管理措施有：①疏通沟渠，开好三沟，厢沟、腰沟、围沟对应的深度应分别为20～25厘米，30～40厘米和50厘米，保障排水畅通；②中耕松土，提高土壤透气性，确保根系顺畅呼吸，促进养分的供应能力；③追施适量的以清水粪或尿素为主的提苗肥，抢施多效肥为主的"当家肥"，满足棉株营养生长和生殖生长的需要；④适当喷洒营养性的生长调节剂，补充棉株营养，尽快恢复棉花的正常生长。

针对连阴雨造成的棉花"高、大、空"症状，可采取以下防灾减灾措施：①清沟排渍，深挖沟厢，降低地下水位，减少土壤湿度；②松土除草，适当进行深中耕，截断部分棉花根系，减缓其对养分的吸收，有效抑制旺长；③摘除老叶，合理整枝，在此过程中应秉承去枝保叶不伤皮的原则，去掉主茎下部叶片和营养枝，减少养分消耗，并改善田间通风透光条件，保证棉株正常生长发育；④控制氮肥，补施磷钾肥，尽快解决农田氮、磷、钾肥比例的失调，同时补充相关的微量元素，减少蕾铃脱落；⑤喷洒生长调节剂，并应注意浓度适当，用量适宜，从而控制棉株主茎和枝条顶端生长，达到抑制棉株疯长的目的。当然，以上不论哪种症状的灾害，都应提防病虫害的泛滥。加强农业防治，减少田间虫量；配合生物防治，有效保护棉叶螨、棉铃虫等害虫的天敌。对棉花枯萎病、黄萎病的防治应以预防为主，并适量喷洒土壤杀菌剂等药剂，有效把握防治适期。

棉花吐絮期防抗连阴雨天气的措施有：①及时清空棉田积水，降低土壤湿度，防止渍害的发生；②科学整枝，摘老叶、去老枝，改善棉田通风透光条件；③及时采摘植株下部果枝上发黄的棉铃，烂铃和病铃采摘后要带出棉田，防止病菌蔓延；④施用植物生长调节剂，通过化学调控协调棉花的生长与发育，比如可使用乙烯利，适当的喷施时间和用量，能加速棉叶和铃壳上的有机养分迅速向纤维和种子转运，促使棉铃在停长前裂铃吐絮，防止僵烂；⑤防治病虫害，对于引发烂铃的疫病、角斑病等可喷洒适量配比的波尔多液等，造成烂铃的棉铃虫等虫害也应因地制宜，采用杀虫剂，并添加杀菌剂等。

（四）油菜

1. 灾害症状　油菜是中国的主要油料作物之一，冬油菜区主要分布在长江流域，通常在 9 月种植，次年 5 月成熟收获。油菜是长日照作物，每天日照时数需达到 12～14 小时，才能满足生长发育的需要。连阴雨是油菜生育期内常见的气象灾害之一。造成连阴雨灾害的基本气候特征主要表现为过程降雨量大，降雨持续时间长和光照不足，因此降雨和日照是导致油菜受灾的主要致灾因子。

盛产油菜的长江流域地势较为平坦，当遭遇连续的阴雨天气会因排水不畅导致灾害的发生。同时，土壤质地的不同也将影响灾害的发生程度，例如黏土的透水性能较差，是连阴雨灾害的高发区域。另外，水利设施的完备与否直接影响抵御灾害的能力，陈旧老化的水利设施工程会导致农田排水能力差，能在一定程度上加重灾害的损失。

油菜在不同生育阶段都可能经历连阴雨灾害。苗期遭遇连阴雨天气时，使得其生长发育变慢，生育期延迟，且苗情弱，易出现弱苗和高脚苗，严重时甚至出现烂根死苗现象。

油菜的开花结荚期是产量形成的关键时期，此时遭遇连阴雨天气，将使得油菜花器官脱落、开花结荚不良，导致坐果率降低、单株角果数减少、千粒重降低。同时，油菜开花后植株郁闭，透光性差，植株光合作用减弱，且由于田间渍水，土壤缺氧，植株易出现早衰现象。另外，潮湿的环境加剧了菌核病等病虫害的盛行，造成叶片、茎秆和花瓣的腐烂，影响油菜的正常生长发育，导致其减产。

油菜的成熟收获期出现连阴雨天会使油菜出现倒伏，营养器官的光合作用产物到籽粒转化受阻，并影响油菜的收晒，导致其品质和产量受损。

2. 防抗阴雨、渍害技术　油菜防抗阴雨、渍害技术因不同生育阶段而不同。

油菜苗期应对连阴雨的措施有：①加强田间管理，及时检查幼苗生长状况，发现有枯黄死苗，立即补栽；②连绵阴雨导致土壤养分流失，应根据苗情差异，适当补湿复合肥和硼肥，促进冬前生长；③中耕培土，尤其是对移栽成活后的高脚苗进行培土，保持土壤疏松，促进根系生长；④清沟排渍，及时排除地表水，降低土壤湿度；⑤抓好化学除草工作，选择性地使用除草剂。

油菜开花结荚期防抗连阴雨的防灾减灾技术主要有：①及时清沟排渍并中耕培土，做到主沟、围沟、厢沟沟沟相通，做到雨停地干，降低土壤湿度，提高土壤透气性；②加强田间管理，及时摘除受损叶片、花薹等，改善田间通风透气程度；③因地制宜施肥，油菜开花结荚消耗了大量的养分，前期基肥已不能满足生长的需要，应在晴天傍晚对叶面喷洒硼肥，促进高产；④防治次生灾害的发生，连阴雨天气有利于菌核病等病虫害的发生，应选择适当的时机喷洒农药实施保护。

油菜成熟收获期的应对措施主要有：在播种时选用抗倒伏的品种，如史力丰等；密切关注天气变化，早加防范，合理安排收晒。

（五）设施蔬菜

1. 灾害症状　设施蔬菜指在露地不适于蔬菜生长的季节或地区，利用特定的设施（以日光温室和塑料大棚为主），人为创造适于其生长的环境，以生产优质、高产、稳产的蔬菜满足人们日常生活的需求，主要包含日光温室和塑料大棚两种形式。日光温室又被称为暖棚，是我国特有的设施农业建筑形式，近年来发展迅速，已成为华北、东北、西北等地区主要园艺设施。相对于传统蔬菜栽培，日光温室蔬菜生产因与外界相对隔离，其抵御气象灾害的能力明显增强，但因我国各地气候资源差异较大，低温寡照等灾害性天气仍对其蔬菜生产造成巨大的威胁。塑料大棚俗称冷棚，是一种相对简单的栽培设施，其利用钢材、竹木等材料，覆盖塑料薄膜，形成拱形棚，在世界不同地区被广泛采用。我国地域辽阔、气候复杂，利用塑料大棚进行蔬菜的设施栽培，缓解了早春或晚秋淡季新鲜蔬菜的供求矛盾，具有显著的社会效益和经济效益。随着生产规模的扩大，其在生产过程中亦容易遭受低温寡照天气，给农业生产造成了巨大的损失。

太阳辐射和外界低温是造成低温寡照的直接致灾因子。通常，低温寡照期，由于云的遮挡使得投射到地面的太阳光线能量不足，且温室、大棚内平均温度较低，无法满足蔬菜需要，因此常以日照时数和最低温度作为低温寡照的直接灾害指标。另外，低温寡照通常伴随着连阴雨天气的出现，导致空气湿度增大，易诱发病害，因此湿度的影响也不可忽略。当然，除气象条件外，蔬菜自身因素也能影响其受灾程度，通常，处于营养生长时期的蔬菜遭受损失较轻，植株健壮的蔬菜相比长势较差的亦有较强的抵抗灾害能力。同时，温室大棚的高度、所处的地形状况和海拔高度的变化以及田间管理措施等也能在一定程度上影响低温寡照的成灾程度。譬如，低温前浇过水的大棚其温度下降较慢，蔬菜受灾程度较轻；而在低温期浇水的，则因棚内低温高湿，土壤透气性差，根系活动受阻，蔬菜受灾程度增大。

不同的蔬菜品种对光照、温度的要求不同，不同程度的低温寡照灾害导致蔬菜的受灾症状不尽相同。轻度灾害发生时，蔬菜生长速度减缓，出现落花、落果现象，相关的病害也开始出现；中度灾害时，蔬菜出现生理性干旱、萎蔫，部分花果脱落，植株开始停止生长，病害普遍出现，但尚可通过施药进行控制；重度灾害发生时植株出现冷害，叶片开始出现脱水，严重时植株死亡，出现大面积减产。

蔬菜作物遭遇低温寡照天气的受害症状不仅与受害程度有关，也与其所处发育期有关，不同发育期其受灾症状略有不同。以番茄为例，幼苗生长期遭遇低温寡照天气，使得番茄生长受到抑制，叶绿素含量、净光合速率和气孔导度均呈下降趋势，当灾害持续时间较长时，后期即使提供较好的生长环境其恢复性也差；花期遭遇低温寡照时，将导致番茄现蕾和开花速度减慢，畸形果发生概率增大，且维生素 C 和核酸比减小，并随胁迫程度的加深以上症状表现更加明显。

总体而言，阴雨寡照导致温室内温度降低、光照不足，蔬菜光合速率下降，导致落花、落果且坐果困难，同时植株根系生长受到抑制，水分和养分吸收不足，使得蔬菜茎叶发黄，整体抗逆性减弱。尤其对于果实类蔬菜，在其生长的中后期若遭遇低温寡照天气将导致根系输送到果实的水分增加，果肉细胞迅速膨大，而果皮细胞则因角质层的关系膨大受限，最终造成裂果，严重影响蔬菜的商品价值。

2. 防抗阴雨、渍害技术　为了稳定温室、大棚的蔬菜生产，可采取的相应的防御措施最大限度降低低温寡照造成的损失，日光温室和塑料大棚在施工设计、棚膜材质等方面虽略有差异，但其防抗灾害的措施基本类似，为方便表述，以塑料大棚为例：

①增强温室、大棚的保温、增温能力，棚内覆盖地膜、小中棚等进行多层覆盖，棚面增加草苫覆盖，并可采用盆火等进行临时加温，亦可在棚外设置防寒沟，棚墙外加盖玉米秸秆或贴盖旧薄膜等增加防寒保温效果。

②增加光照，覆盖的草苫要早揭、晚盖，及时清洗棚膜，

增加透光率，极端天气下可采取人工补光措施，安装白炽灯或荧光灯，早晚开灯补光若干小时。

③棚室除湿，连阴天使得放风散湿受阻，若自然降湿无法满足需求时，可在温室走道放置石灰石或撒施草木灰等进行吸湿除潮。

④加强田间管理，适当补充养分，尤其可适当添加钙、锌、铁等，保持矿质营养平衡。

⑤预防病虫害的发生，低温寡照使得真菌肆虐，诱发晚疫病等，侵害蔬菜的叶子、果实等，应采用低容量喷头适时喷药（如甲霜灵等），或采用烟熏剂亦可从一定程度上减少病虫害造成的损失。

⑥久阴乍晴后适当遮阴，连续阴天使得温室内温度降低，骤晴后，温室内温度迅速升高，叶片蒸腾加快，但此时土壤温度依旧较低，根系吸水能力较差，植株易出现萎蔫现象，甚至死亡，因此遇到久阴骤晴的天气要适当遮阴，观察叶片表现后逐步增加揭苫数量。

第七章
防抗农业风害技术

一、基本概念

（一）风害

风是自然界一种普遍存在的气候现象。适度的风速能改善农田的环境条件，例如，随着风速的增加近地层热量交换、农田蒸散和空气中的二氧化碳、氧气等输送过程加快或加强，伴随着温度、水分状况的改变，影响植物的生理过程（如蒸腾作用与光合作用等）的变化。另外，风还是许多植物花粉传播的媒介，能够促进植物授粉和繁殖。但是，当风速超过一定量级时，尤其是八级以上的大风，将对农业造成巨大的损害，俗称风害。对农业生产有害的风主要是季节性大风、地方性局地大风、台风和海潮风等。大风对农业生产的直接危害有：造成土壤风蚀沙化，土地荒漠化发展，以北方和西北内陆地区表现最为突出，强烈的风力侵蚀将导致土壤粗化、养分降低、生产力下降，据报道全国因农田荒漠化造成的粮食产量损失超过300万吨；大风能造成作物的机械损伤，主要表现为植被折枝损叶、倒伏、授粉不良、落花落果等；大风对作物的生理危害主要表现为，大风使得作物蒸腾作用加快，植株耗水增加，叶片气孔关闭，光合作用降低，甚至造成植株枯死，北方春夏季节的大风可加剧农业干旱，而冬季的大风则能加重作物的冻害；大风也能对相应的农事活动造成影响，使得农业生产设施遭到破坏。大风对农业生产的间接危害主要表现在病虫害的传播和污染物的扩散等，而且能在一定程度上促进森林火灾等的蔓延。例如，高空风是黏虫、飞蝗等害虫长距离迁飞的必要气象条件，将导致植物病虫害的大范围流行。

（二）台风

台风本质上是一种发生在热带海洋上的气旋性涡旋。台风的发生需要足够大的海面或洋面，且水温在27℃以上，以此为积云发展以及能量和水汽的向上输送提供有利条件（图20）。同时，低层扰动和一定的地转偏向力也为台风的发生发展创造了必要条件。全球经常发生台风的海区有8个，分别为北大西洋西部、北太平洋西部和东部、孟加拉湾、阿拉伯海、南印度洋东部和西部以及南太平洋西部，并以太平洋西部海区发生的台风最多。太平洋西部台风的移动路径包含三类：①西移路径，台风经南海在海南、越南或华南沿海一带登陆，对我国华南沿海地区影响最大；②西北移路径，台风通常在我国台湾、福建或浙江一带登陆，对我国华东地区影响最大；③转向路径，台风到达东部海面或在我国沿海地区登陆，然后转向东北方向移动，呈抛物线状。每年5～11月均可能有台风在我国登陆，但主要集中在7～9月。台风的生命周期平均为一周左右，且夏季、秋季台风的生命周期相对于冬季和春季更长。台风影响地区常发生暴雨，甚至出现暴发性洪水，破坏性极强。由台风环流本身造成的暴雨主要发生在台风眼的周围，这里由于强烈的上升气流，常造成范围较广的垂直云墙，出现狂风暴雨等恶劣天气，这种降水常随台风中心的移动而变化。台风与其他系统诸如西风带的共同作用也能带来暴雨，同时由于地形的影响，在迎风坡暖湿空气被迫抬升也易形成暴雨。当然，台风降水具有较大的阵型，在1～2天内可以反复多次。台风风速也具有较大的阵性特征，瞬时极大风速和极小风速之差可达

30 米/秒，通常台风登陆我国后，由于能量损耗和来源不足，风速伴随着台风的减弱而减小，但同时与地形的影响有关。通常平原、湖泊等地是台风过境时易出现大风的区域，而遇到山脉时，由于山脉的阻挡，大风范围较小。台风对海洋的影响主要是造成高潮、巨浪等，使得海水突然暴涨，导致被侵袭的沿海地区洪水泛滥，人们生命财产受到巨大威胁。

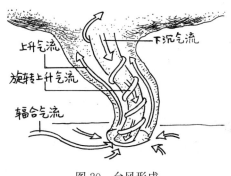

图 20　台风形成

（三）大风

根据天气预报业务规范的定义，大风是指在某个时段内出现的 10 分钟最大平均风速大于等于 10.8 米/秒（6 级）的风，1 天中有一次或多次大风出现，均记作一个大风日。目前，气象部门会向公众发布 6 级或以上大风的预警信号。有的研究中则将近地表 10 米高度处瞬时达到或超过 17 米/秒或目测估计风力达到或超过 8 级的风称为大风。在过去的 50 年间，中国大部地区年均大风日数呈减少趋势，而在新疆东部、西藏西南部和东北部等部分地区则略增加。空间上，中国年均大风日数表现为明显的东南低-西北高的分布格局，年均大风日数大于45 天的区域主要位于新疆、青海及西藏等部分地区。对于中国近海地区而言，春季大风出现频率显著下降，最大值主要出现在台湾海峡、巴士海峡等地；夏季是中国近海大风出现最少的季节，最大值区位于南海西部地区；秋季大风出现频率迅速增加；冬季大风出现高值区与春季基本类似。关于大风强度和持续时间的研究也相继开展，但主要集中于区域尺度，以河西走廊地区为例，大风持续时间在 7~20 分钟，且以春季最长，夏季最短。

二、防抗农业风害

（一）小麦

1. 灾害症状　小麦是我国的主要粮食作物之一，历年种植面积占全国耕地总面积的 22%~30%，其栽培范围遍布全国，主产区主要包括：河南、河北、山东、山西、安徽、湖北、陕西、四川等。小麦在生长过程中易遭受旱涝、冻害、倒伏等威胁，使得产量遭受损失，从而引发一系列社会问题（如粮食供应等）。近年来，伴随着小麦种植面积的增大，小麦倒伏的问题常见报道，其对小麦高产造成巨大的威胁。小麦倒伏是内在因素和外部环境共同作用的结果，其在生长发育过程中遭遇的大风是造成小麦倒伏的最直接的外部因素。考虑到小麦群体自身的风障作用，通常气流在其上层流速较快，中下层风速较小，也就是说小麦穗、旗叶和穗下茎段是小麦的主要受风部位。小麦倒伏后，茎叶之间互相重叠，麦株疏导组织受损，使得光合作用受阻，并影响养分和水分的正常输送，从而导致小麦穗数和穗粒数减少、千粒重下降，并最终导致产量降低。

小麦倒伏因其发生时间不同，可分为早倒和晚倒。灌浆前，由于小麦穗头较轻，而其茎、叶、穗具有自然向上性，能够依靠自身的调节能力恢复一定程度的直立。灌浆后，小麦籽粒生长，重量增大，不易恢复直立。

2. 防抗技术 小麦防抗风害技术在不同阶段并不相同。

为防范小麦大面积倒伏现象的发生，应在小麦栽培过程中，谨慎把握每个环节：①选用抗倒伏品种。选择植株紧凑、茎秆弹性好且根系发达的品种，同时要兼顾其抗病性能和熟性，通常灌浆较早且速度快的品种其粒重会比较稳定。②加深耕层，提高整地质量。提倡深耕，使耕层达到 25 厘米以上，打破犁底层，加厚活土层，确保土地平整、上虚下实，为小麦根系发育创造有利条件，促进根系与土壤的结合，增强根系的吸收能力，达到培育壮苗的目的。③提高播种质量。适期播种，并在适播期内实行精播、半精播技术，通常半冬性品种的适宜播期在 10 月 5—15 日，弱春性品种的适宜播期略晚；适量播种，确保单位面积内存在合理的基本苗，保障小麦群体和个体的协调发展，注意如若推迟播期，应适当增加播量。④科学施肥。应当科学施用底肥，坚持有机肥料和化学元素肥料、氮磷钾合理配比的原则，增施有机肥有利于改善土壤的团粒机构，增进肥力。钾肥的供应，可以促进纤维素和木质素的合成，促进植株茎秆组织发育，增加抗倒伏能力。合理追肥，返青时应控制氮量，协调群体发育，促进根系生长，返青后，根据苗情适当后移追肥，促进主茎和大分蘖的生长，抑制小分蘖的发育，促进小麦个体发育，保证茎秆健壮，增加抗倒伏能力。⑤合理灌溉。为保证小麦安全越冬，应确保越冬水充足，小麦发育中后期，在关注天气的基础上，严格控制灌溉次数，并保证水及时下渗。⑥适时镇压。通常在 11 月中下旬和起身期前后进行镇压，缩短小麦茎秆基部节间的长度，减少无效分蘖，促进麦株苗壮生长，提高抗倒伏能力。⑦科学进行化学防控。在无风的下午或傍晚对麦株较高、长势较旺的麦田进行适时喷药，降低株高，促进茎秆粗壮，减少倒伏的发生。⑧加强病虫害的防治。选择合适的农药品种适时喷洒，防治纹枯病的发生，实行药剂拌种，防治地下害虫破坏小麦根系，提高小麦抗倒伏能力。

小麦灌浆后倒伏不易恢复直立，此时可采取以下可行的措施进行补救：①因大风降雨发生的倒伏，可在天气放晴后，用竹竿打落茎叶的水珠，减轻麦株压力使其恢复直立，以此防止叶片和泥土粘连，并增加麦田底层的通光透气性。②对于已经进入灌浆后期、在蜡熟期发生的倒伏，可进行人工捆扎，防止麦苗腐烂，减少损失。③小麦倒伏后，因其茎叶相互重叠，使得麦田温度高、湿度大且通风不良，导致叶部病害加重，可采用三唑酮乳油等并配之优质叶面肥进行喷洒，有效防治病虫害的发生，减少小麦的损失。

大风是造成小麦风害的直接致灾因子。通常，伴随着大风的发生，降雨的出现能够在一定程度上增加小麦的倒伏程度。但降雨并不是总是相伴着大风出现，因根据小麦的特定生长时期，适当考虑降水的影响。小麦遭受大风的损害程度不仅与气象条件的恶劣程度有关，也因其受灾时段的不同而不同，小麦开花后，倒伏发生的时间越晚，其对小麦造成的损失越小。同时，受灾时小麦的倒伏倾角（麦株茎秆和垂直方向的夹角）也能影响小麦的受灾程度，倒伏倾角越大，对小麦产量和品质的影响越大。

大风作为单一气象因素异常能够造成小麦的倒伏，给小麦生产带来巨大威胁。在实际的农业生产中，大风与温度、湿度等异常，形成复合气象灾害，亦能对小麦生长造成重大损失，以干热风为代表。干热风是出现在小麦灌浆扬花期的一种高温、低湿并伴有一定风力的灾害性天气，是影响中国北方小麦稳产高产的主要气象灾害之一，严重年份可导致小麦减产

10％～20％。通常，将干热风划分为一种高温灾害，关于其造成的危害前面已有详细阐述，此处只进行简略说明。小麦遭遇干热风时，其各部分失水变干，叶片萎蔫，叶绿素含量降低，光合作用减弱，灌浆速度下降，灌浆期缩短，导致籽粒干瘪、千粒重下降，最终导致产量减少。在评估干热风对小麦造成的危害时，应充分考虑当地气候条件、地理位置以及小麦品种的差异，并因时因地采取合理的防灾减灾措施，最大程度减少干热风造成的损失。

（二）水稻

1. 灾害症状　水稻是中国的主要粮食作物之一，其安全生产关系着中国的粮食安全。水稻倒伏是农业生产中普遍存在的问题，轻则导致水稻减产10％～20％，重则高达40％，甚至绝产，是制约水稻稳产的主要因素之一。水稻倒伏多发生在抽穗以后，尤其以灌浆期发生的可能性最大。同小麦一样，水稻倒伏也是内因和外因共同作用的结果，品种特性、秧龄大小、耕层深浅、施肥和灌溉是否合理等都能在一定程度上影响水稻的倒伏。而风作为一种外界不可抵抗的气象要素对水稻倒伏的影响也不可忽略。

风是导致水稻出现倒伏的直接气象因子，风速大小影响着水稻的受损程度。对于南方沿海地区来说，大风的出现通常伴随着暴雨（如台风），雨水打湿稻穗，会在一定程度上加重水稻的倒伏程度，使得损失增大，因此，降水量也应当作为风害威胁水稻产量的一个致灾因子。当然，除了风、降雨致灾因子的作用，稻田所处的地理位置，水稻的倒伏时间、程度等都能影响水稻的产量和品质。通常处于防风林保护的稻田，水稻损失较小，灌浆期倒伏发生日期越晚，对水稻产量影响越小。水稻的倒伏按其严重程度可分为三类：轻度倒伏时倒伏面积小于

5%，茎秆折损较轻，光合作用基本维持正常，不影响水分和养分的输送，对水稻产量和品质影响不大；中度倒伏时，倒伏面积在5%～20%，稻田通风透光不良，光合作用受损，影响水稻的灌浆成熟，水稻减产5%～10%；重度倒伏发生时，倒伏面积大于20%，水稻茎秆折损严重，光合作用削弱，水分和养分运输受阻，空瘪率增加，严重影响水稻的产量和品质。

2. 抗风害技术　为尽量减少因风害等造成的水稻产量损失，可采取以下预防措施：①选择抗倒伏的优良品种。选择植株矮小、株型紧凑、茎秆粗壮、根系发达的抗倒伏水稻品种。根据栽培方式的不同，移栽种植的优良种有两优培九等，直播种植的可以选择武育粳等适宜当地栽培的品种。为进一步增加水稻的抗倒伏能力，可对选育的种子进行晾晒、浸种消毒等处理。②适期播种。结合当地的气候条件确定合理的种植日期，使得水稻生长后期尽量避开大风的频发时段。③合理稀植，培育壮秧。适地调整育秧塑盘的大小，并配制营养土，培植生长均匀的壮秧。④适度深耕。使用机耕等进行深耕整地，使耕作层加深到20厘米以上，增加土壤的蓄水和保肥能力。含沙量较大的稻田，可根据实际土况加入适量黏土进行改良，为根系生长创造良好条件。⑤平衡施肥。坚持"增施有机肥，并以化学肥为辅助"的原则，做到有机和无机相结合，促进土壤理化性状的改进。坚持"控氮、增磷和补钾"原则，合理平衡氮、磷、钾的施用，并在此基础上适当添加微量元素，以硅肥效果为佳，其对促进水稻植株挺拔、茎秆健壮具有重要的作用。同时注意，在水稻各生育期增施速效钾肥，钾肥能够存进水稻茎秆中纤维素的积累，增加抗倒伏能力，孕穗期中重施钾肥效果最佳。⑥合理灌溉。结合水稻不同生育期特点进行科学灌溉，通常在有效分蘖结束前，以浅水灌溉为主；有效分蘖末期到幼穗分化期，应排除田内积水并适度晒田，以达到控制无效分蘖、改善土壤环境促进根系活力的目的；孕穗、抽穗、开花期采取湿润灌溉，保持稻田湿润不留水层，做到以气养根，增强稻株抗倒伏能力；乳熟期至收获前间歇灌溉，养根护叶，并在收获前 10～15 天断水晒田，延缓根系衰老，达到活秆成熟的目的。⑦化学调控。移栽水稻可在拔节前可喷洒多效唑，控制水稻节间伸长，降低稻株高度；直播水稻则可在分蘖末期和破口初期施用多效唑。调环酸钙作为一种植物生长调节剂也能节水稻的生长，增加稻株抗倒伏能力。⑧防治病虫害。结合当地植保部门发布的病虫害预测预报，及时防御二化螟、三化螟、稻飞虱和纹枯病等的发生；对已经发生的病虫害，选择对口农药及时治疗，防止因病害侵袭茎秆造成的倒伏。

对于已经发生倒伏的田块，应及时开沟排水，降低稻田湿度，防止茎秆腐烂和稻穗发芽。同时，应根据水稻所处的生育期，采取相应的补救措施。灌浆前期发生倒伏的水稻不宜进行扶扎，水稻能够依靠自身的调节作用使叶片和稻穗直立，而此时如果进行人工干预，反而会因额外的机械损伤增加倒伏造成的损失。灌浆中后期和黄熟期发生倒伏的水稻应立即进行捆扎成束处理，应顺着水稻倒伏的方向操作，且动作要轻，使水稻依靠彼此而直立，避免稻穗贴服在潮湿的地面上而造成稻穗发芽霉烂，尽量恢复其光合作用，同时可搭配使用相应的催熟剂促进水稻成熟，将损失降到最低。另外，对于倒伏的水稻可尽量采用人工收割的方法，在节约机械费用的同时，能减少机械收获造成的落粒，减少收割造成的损失。

对于沿海地区的水稻而言，其在遭受台风侵害造成水稻倒伏的同时，应特别关注海水盐分残留在稻谷表面对水稻的影响，产生潮风害。所谓潮风害指的是台风把带有盐分的海水吹到水稻上并附着在其表面，从而对水稻的生长发育造成损害。研究表明，潮风害使得距离海岸 0.5 千米左右的水稻几乎不结实，距离海岸 4 千米的水稻则出现结实不良，畸形米、死米比例增加，千粒重和产量显著降低且品质下降。

天气系统是复杂多变的，北方冷空气南下，在产生强风的同时，伴随着低温天气的出现，将对南方地区处于孕穗—抽穗扬花期的晚稻产生重要影响，使得水稻开花授粉受阻，空壳率增加，千粒重降低，导致水稻严重减产，因其通常发生在寒露节气前后，被称为"寒露风"。寒露风本质上是一种低温灾害，大风天气只是诱因，此处不进行详细阐述。为减少寒露风造成的危害，稻农应合理安排播期，确保水稻在齐穗期安全齐穗，并加强田间管理，培育壮苗，增强稻株抗灾能力，同时关注天气预报，在大风低温天气到来前灌深水，提高土壤温度，并在寒露风过后对叶面进行追肥，迅速恢复水稻的正常生长。

（三）玉米

1. 灾害症状 玉米是我国的主要粮食作物之一，在保障粮食安全中具有重要的地位，其主要产区包含东北的春播玉米区，华北、黄淮海的夏播玉米区和西南的山地玉米区等。玉米是一年生禾本科草本植物，植株高大，在其生长发育过程中易受到大风的侵袭，导致玉米出现倒伏，严重影响玉米产量。据统计，2012 年 8 月因受台风"布拉万"的袭击，吉林省出现大范围 7 级以上大风并伴有区域性暴雨，造成严重的风灾减产。玉米倒伏的方式主要分为三种，分别为根倒、茎倒和茎折。根倒是植株自地表处连同根系的整株倒伏；茎倒是茎秆无法承受地上部分植株的重量而发生的不同程度的弯曲和倾斜；茎折是茎秆组织幼嫩导致植株从基部以上某个节位发生折断。茎折对玉米产量的影响最大，其次是根倒，茎倒对玉米的生长发育影响相对较小。玉米品种的倒伏抗性、种植密度以及田间管理的不当等都能在一定程度上导致玉米发生倒伏，而大风则是玉米发生倒伏的直接诱因，是风害导致玉米减产的直接表现。玉米遭遇风害发生倒伏后将打乱叶片的空间分布秩序，使得光合速率锐减、籽粒皱缩、容重降低，导致穗粒数和粒重减少，甚至出现霉变。如若发生茎折会破坏茎秆的输导系统，使得水分和养分的运输受阻，极大地影响玉米的品质和产量。

2. 抗风害技术　为尽可能降低风害对玉米造成的损失，可采取以下防灾减灾措施：①选用抗倒伏的玉米品种。选择根系发达、茎秆粗壮、植株相对矮化的品种能在一定程度上增加其抗风能力。②适时播种。通常玉米在抽雄前后株高几乎定型，但此时茎秆还相对脆弱，如遇大风易发生倒伏，因此可在适宜播期内适当调整播种时间，使植株易发生倒伏的敏感时段避开当地的大风季节。③合理密植。通常密度大，玉米高产，但密度过大也会使得玉米茎粗系数降低，反而因倒伏风险增大而造成减产，因此应根据玉米品种的生物学特征确定种植密度，早熟品种可适当密播而晚熟品种则适当稀植，叶片的收敛程度、稻田的水肥能力等也应作为确定种植密度的参考。④适当增加行距，在合理的密度条件下适当加大行距能够增加田间通风透光能力，促进植株基部茎节发育，并减轻植株对风的阻力，减少倒伏的发生，通常其行距不应小于 60 厘米。⑤适当调整玉米的种植行向，通常东西行向是大部分地区玉米种植的常见方向，但在风灾严重地区应根据当地风向作出适当调整，比如当行向与风向垂直时，由于株间距相对行距较小，加大了对风的阻力，而行间距过大又使得后面的植株无法对前面的植株提供支撑，使得风灾造成的损失增大。⑥科学施肥。平衡氮、磷、钾肥的使用，并适当增施有机肥，改善土壤理化性状，促进植株根系生长，同时考虑到玉米根系的趋肥性应适当深度施肥，使植株根系尽量深扎。⑦苗期蹲苗。当种植密度较大、玉米表现出旺长态势时，可在苗期进行蹲苗且需在拔节开始前结束，可通过中耕断根、增施氮肥等措施来实现，以此来控制植株基部茎节旺长，促进根系发育。⑧加强病虫害防治。玉米感染大斑病、茎腐病等时，会造成植株早衰，玉米易发生早衰，因此应在合理的田间管理基础上，喷洒适宜的药剂，防治疾病的蔓延。⑨采用化学控制技术。当种植密度过大、幼苗徒长时，可通过喷施植物生长抑制剂，促进植株细胞横向分裂，降低株高，有利于植株矮健，增强抗倒伏能力。⑩构筑防风林带。在风灾严重的地方进行合理规划，种植防风林带减少风害造成的损失，通常防风带的保护范围是其树高的 20 倍左右。

对于已经发生倒伏的玉米田块，可根据其所处的生育期进行适当的后期管理。通常苗期和拔节期倒伏的植株，可通过自身恢复直立，如若伴随着强降雨的发生，应当及时排水，中耕松土，并增施速效氮肥，提高玉米的生存能力；穗期和花粒期倒伏，应及时培土扶正植株，使茎秆与地面保持适宜角度，同时可进行多柱捆绑，使植株互相支撑而恢复生长；乳熟后期发生倒伏，果穗可直接作为鲜食玉米销售，而秸秆可作为饲料，尽可能减少损失；蜡熟期和成熟期发生倒伏，须把穗向上翻转，避免与地面接触，防止穗粒霉变，同时注意病虫鼠害的侵扰，并待机及时收获。

大风倒伏是限制玉米稳产高产的重要因素，日最大风速和大风日数是衡量风害的最直观的指标，比如菏泽市以大风日数作为指标并对其进行标准化对当地的风灾进行风险区划分，为提高当地的防灾减灾能力提供了科学依据。在玉米生长期，大风通常和暴雨相伴而生，过程雨量的多寡也将对玉米的倒伏程度产生影响，因此降水量也常作为风害的一个衡量指标。河南省以大风风速和过程降水量为指标确定了玉米不同发育期的倒伏等级，指出该省的高风险区主要位于豫南的最南部地区。

风灾是造成玉米产量损失的一种常见自然灾害，在玉米的整个生育期内都可能遭受侵袭。风速、大风日数、降水量和降水日数等是与风灾相关的直接气象因子，但是风灾造成的损失不仅与气象因子的恶劣程度有关，也与玉米所处的发育期有关，拔节、抽雄、吐丝期的玉米抗灾能力相对于其他生育期的玉米较差。当然，玉米田块所处的地形、海拔高度、是否存在防风林带等都将影响其受灾程度。玉米生长状况的差异和田间管理水平等也将导致受灾程度的不同，因此在实际生产中，应结合当地的实际情况，因地制宜，制订出最适合本地的防灾减灾措施，提高玉米高产、稳产的潜力。

（四）设施蔬菜

1. 灾害症状　科学技术的进步使得设施农业迅速发展，其通过人为地创造利于作物生长的环境，获得高产、稳产的蔬菜，极大地满足了人们对蔬菜的需求。日光温室和塑料大棚作为设施蔬菜的两种主要形式，被广泛应用于农业生产中。日光温室和塑料大棚的空间相对封闭并形成相对稳定的小气候，对气象灾害的抵抗能力相对于裸地有所提高，但因其拱形结构和加工工艺等，其对大风的抵抗能力较差，尤其随着生产规模的扩大，其遭受大风侵袭的概率增大。大风往往会对设施蔬菜生产造成巨大的经济损失。大风对日光温室蔬菜生产的破坏主要表现为：①大风对温室结构本身的机械损伤以及温室内蔬菜的折枝损叶、落花落果等，其受灾程度通常与风力大小有关，通常风速越大，其受损程度越大。②温室结构遭到破坏之后，温室内储存的热量大量流失，导致蔬菜所需温度无法被满足；同时，大风天气通常伴随着降温和寒流等，进一步加重温室蔬菜的冷害和冻害，从而诱发复合灾情，增大了大风的防御难度；而且大风通常裹挟着灰尘，导致蔬菜表面破损，破坏其外观和商品性。塑料大棚的功能结构和日光温室略有差异，但总体的设计框架基本一致，大风对其内蔬菜生产的破坏与日光温室基本类似，主要涉及大风对棚体和棚膜的损坏以及大棚本体受损后对其内生长的蔬菜造成的生理和生态损害。

2. 抗风害技术 风灾造成的损失不仅与风力大小有关，也受设施农业的抗灾能力的影响。场地的位置、防护林带的存在与否以及设施建设的相关工艺和材料等都将影响设施农业的受灾程度。为最大程度减少风灾造成的损失，对日光温室可采取以下有效的防风措施：①合理选址和布局，风强的大小将直接影响日光温室场地的选择，新建温室应当避开风口，选择地势平坦、南面开阔而北面存在风障或高大乔木的区域，温室走向应为顺风方向，与防护林带或风障垂直，以此获得均匀的光照，减小风的压力，降低风害概率。②建设防风林带，通常高度略低、透风系数较大且横断面形状偏低的林带其抗风能力较强，另外，在营造主林带的同时，应加强副林带和主林带垂直的折风带的规划，更好地提高防风效果。③合理设计温室结构，日光温室的高度、跨度、宽度和长度的比值以及温室群的排列方式都将影响其抗风性，通常高度增加，使得温室承受的风压增大；跨度增加则增大了拱杆的负荷，宽长比的增加则在一定程度上增大了风引力，交错排列的日光温室群相对于对称排列的方式可以减少甚至避免风的通道，降低风的流速，因此在设计日光温室时应尽量降低其高度、跨度以及宽高比，并对温室群选择交错排列的方式。④严控温室建设质量，提高温室抗压承载能力，一方面，应根据设计需求，按照温室所能承受的压力选择合适的建筑材料，保证温室骨架稳定室内立柱紧实，实现安全生产；另一方面，温室蔬菜的吊蔓绳线及吊架铁丝等都依靠主拱架固定，即蔬菜的生物学产量全部由主拱架承载，大风过境时，在植株和风力的作用下，主拱架的承载压力增大，极易遭到损坏，因此应对温室内已进入生长后期的蔬菜，比如番茄，进行打杈、落蔓，清除老叶等并适当疏花疏果，减轻植株对拱架的压力，亦可用粗壮木棒等支在主拱架的适当位置，提高拱架的承载能力。⑤草帘上增拉绳索，尤其在冬春季节的晚上，在盖好草帘之后应扣紧固定绳索，并斜拉几道绳索，在迎风面的草帘边放置沙袋，草帘底端也用重物压牢。⑥关注细节，严密结构，严控温室棚膜的质量，并在棚膜上加盖防风网，棚膜将因受到均匀的向下的拉力，而使得温室的抗风能力增强，对于出现的小的破损应当及时修复，以防大风利用破损处撕开整个棚膜，加重风害的损失。⑦关注天气预报，及时做好防范，在大风来临之前，对温室进行整体检查，及时修复棚膜的破损，加固松动部位，适当增加草帘厚度，关闭通风窗口；同时为应对停电状况的发生，应放下遮阳网等，做好温室保温工作。

除了提前做好防御措施外，大风天气过境之后，应根据实际情况及时进行补救以减少风害造成的经济损失。①修补温室，对墙体已经坍塌的温室只能进行清除重建，对前屋面坍塌的温室结合受损情形根据蔬菜生育时期进行适当的修补，比如，对于生长初期的蔬菜温室，可综合经济损失考量将蔬菜进行拔除或修复，对于已经进入生长后期的蔬菜温室，可用粗壮木棒对受损部位进行支撑，待蔬菜采收完毕后再进行维修。对棚膜破损严重的温室应及时更新棚膜，部分磨损的棚膜可用黏合剂进行修补，温室内其他设备也应根据受损情况进行及时更新或修补。②加强田间管理，及时修剪受损枝叶，防止霉变组织诱发相关病害。对于某些蔬菜，如黄瓜等，可适当进行疏花疏果，以恢复植株的生长；对于某些顶部生长点受到损害的蔬菜，可剪掉上部枝叶，以促进新侧枝的发育；对于灾后生长缓慢的蔬菜，适当喷洒叶面肥和生物调节剂，并追施少量速效肥，改善其营养条件，促进植株恢复；对于受损严重不能维持正常生长的蔬菜，应及时清理，并根据温室结构统筹确定改种或补种其他作物，通常可选择生育周期较短的叶菜类，尽量减少损失；天气骤晴后，植物逐渐见光，防止因光照剧烈造成植株萎蔫；加强病虫害防治，及时清除、烧毁病枝，同时结合农药的使用，有效控制病情的蔓延。

对蔬菜大棚而言，同样应从选址、大棚建设等方面着手加强大棚的稳固性，并选择质地坚韧且抗老化的塑料膜等增强抗风能力。其具体的防灾减灾措施基本与日光温室类似，此处不再赘述。

（五）橡胶

1. 灾害症状 我国橡胶种植区突破了北纬 18°，主要分布在海南、云南、福建、广东、广西等省份，其中海南是我国主要的天然橡胶生产区。海南橡胶的开割期一般开始于 4 月初，12 月底进入停割期，而高产期则主要出现在 8～10 月，因此隶属于热带季风海洋性气候的海南，其天然橡胶生产期基本与台风登陆活跃期相重合。影响海南的热带气旋年平均值约为 7 个，最多的年份可达 14 个，其带来的强风和暴雨，使得橡胶生产遭受重大损失。

橡胶性喜微风，适当的风速能调节胶林环境，使得二氧化碳浓度增加，促进树木的光合作用。但当风速大于 3 级时，将对橡胶树的生长和产胶造成不同程度的危害，主要表现为机械损伤和生理伤害。机械损伤主要表现为橡胶树在风压作用下，导致叶片出现破损、落花落果，并伴随着风速的增加出现折枝、断干等，10 级以上的强风甚至导致橡胶树出现根拔、倒伏的现象。大风还能通过改变橡胶树的生理形态和新陈代谢过程等影响其生长和产胶。大风通常使得橡胶树叶量减少，抽叶不齐，物候表现出明显的区域性差异。同时大风的侵袭，导致土壤干旱，树冠郁闭度较差，冠层阳光充足，导致开花较早，有些树冠由于风害的影响出现顶芽生长点休眠或处于垂死状态。大风还能加速树木的蒸腾作用，使得水分蒸发过快导致胶树割线易干，影响排胶，排胶时间缩短；而且伴随着蒸腾作用的增加，胶树体内物质的转运和生理活动受到阻碍，例如，促进排胶与胶乳稳定的无机磷、硫醇等的含量偏低，导致产量受损。另外，强风还能破坏胶树乳管和筛管组织等。

影响橡胶树遭受风害的因子比较复杂，风速的大小能够直接影响橡胶树的生长，并对排胶造成损害，同时，伴随台风产生的暴雨导致病害增加，也会在一定程度上影响橡胶生产。胶园外围是否有防护林的保护也是影响胶林遭受风害程度的一个重要因子，防护林的抗风能力因品种的差异而有所不同。当然，胶园所处地形状况、海拔高度和坡向都对风害有重要影响。峡谷地区风速通常较大，坡顶的受害程度大于坡底，以坡中受害程度最低，迎风坡的风害程度大于侧风坡，而背风坡的受害程度最低。胶园内覆盖物的铺设与否也能影响胶园的受害程度，通常地表覆盖度越大，水土保持能力愈强，树木根系也就越牢固。橡胶树由于自身茎干轴向薄壁组织细胞和韧皮部纤维组织比例的高低导致抗风强度有所差异，同时树冠的大小也与风害的发生程度有关。

2. 抗风害技术　为更好地应对风害对橡胶造成的损失，可采用以下防灾减灾技术：①根据胶林的选址，在风口、风路营造防护林，东南-西北走向的山谷是林带营造的重点，坡向上则东南向、南向和东向为防护重点。②选择抗性较好的橡胶品种适当密植，并适当矮化橡胶树，中度灾害区其主干分枝高度维持在1.8米或更低，受风灾严重的地区应控制在1.6米或更低。③关注天气预报，提前做好防范，在台风来临之前检查胶园排水情况，清理枯枝，提高割胶强度和割胶频率。④风害之后优先处理倒伏轻微的胶树，尤其是主干受损较小的胶树，及时砍掉折断的枝条并进行伤口涂封，避免养分消耗，扶起未开割或开割时段较短的胶树，倒伏严重的幼龄胶园应及时更新树苗。⑤风害后应适当降低割胶强度，不能随便复割，应根据受灾害程度，等新叶稳定后或新枝条抽叶后再复割。⑥增施肥料，保证施肥质量，尤其对于中、小苗，以使用生物有机肥和橡胶专用肥效果最佳，同时要适当施加氮素，也应根据胶树的受损程度调节肥料的使用，如对于全倒树，为防止因为生理修复萌发的吸收根过多，应进行压青施肥。⑦加强病虫害的防治，风害过后橡胶树萌发的新芽其组织幼嫩、抗病能力较差，加上林中比较荫蔽，空气湿度较大，有利于白粉病等病害的发生，应适时适量喷洒农药，保证新苗健壮成长。

（六）果树

1. 灾害症状　风是果树生长过程中的一个重要的气象因子，一方面，适度的风能在一定程度上促进果树的异花授粉、提高坐果率等；另一方面，微风能改变空气温度、湿度等，促进气流交换，促进叶片的光合作用和蒸腾作用等。但是，当风达到一定的量级，将严重危害果树的生长。大风在不同的季节均有发生，除对果树造成一定的物理损害外（树枝折断等），春季大风将影响坐果；夏秋季的大风则造成果树大量落果，降低产量；冬季伴随寒潮而生的大风将威胁柑橘等果树的安全越冬，对果业生产造成危害。当然，不同果树因其个体差异对大风的响应程度不尽相同，在此以苹果、梨树、香蕉和猕猴桃4种果树作为典型探讨大风对果树的损害，并提出可能的防灾减灾措施。

中国是苹果生产大国，包括渤海湾、黄土高原、黄河故道和西南冷凉高地四大产区，其中渤海湾和黄土高原是苹果的主要产区。风害是苹果生长发育过程中的主要气象灾害之一，一般4级以上的大风就能对苹果生产造成威胁。因大风发生季节的不同，其对苹果造成的危害也不同。果树花期的大风通常伴随着沙尘、低温的出现，大风和沙尘的共同作用将使得花蕊受到污染，失去黏性，影响授粉甚至无法授粉；相伴而生的低温则会造成花蕊受冻，导致授粉不良，坐果率降低，且畸形果增加，严重影响苹果的产量和品质。套袋初期苹果果梗因人为干预出现不同程度的损伤，加之纸袋迎风面积大，此时遭遇3级大风就会使果袋果实部分挂落，4~5级大风就会成灾。成熟并完成摘袋的苹果如若遭遇大风天气，会因枝叶相互碰撞摩擦导致果皮磨损、果实受伤，商品率降低，风力较大时，会造成大面积落果，给苹果生产造成巨大损失。

梨树在中国的栽培面积和产量仅次于苹果，其中以辽宁、山东和河北为主要产区。风灾是我国梨业发展的主要制约因素之一。大风能造成不同程度的落果，严重影响梨树产量。梨树的根系较为发达，固地性较强，成年梨树被大风吹倒的情况比较少见，但是幼年梨树的倒伏率则偏高。大风除对当年梨树生产造成损失外，还能对其后期生长造成影响，使得梨树的生长势在未来几年内都难以恢复，导致其进入旺果期的年限被延迟，尤其是第二年的花朵数量较少，花期较晚，果实偏小且畸形果数增加。

对于苹果、梨等多年生落叶果树而言，其遭受风害的程度不仅与风的速度大小有关，果园位置、栽培管理水平、病虫害的防治以及果树的品种都能在一定程度上影响其受灾程度。通常海拔越高，背风方向果树的受灾程度更为严重。

香蕉是芭蕉科植物，性喜高温、多湿的环境，是我国热带、亚热带重要的经济作物之一，主要分布在福建、广东、广西、云南、海南和台湾地区，在贵州、四川、重庆地区也有少量种植。香蕉由于自身叶片较大、根系较浅、假茎脆弱等特征，在其生长发育过程中极易遭受大风的侵袭。根据受损程度不同，香蕉的表现症状不尽相同，受害较轻的植株叶片破碎；中等程度的表现为植株倾斜，下部叶片折断；受害较重的植株被吹断、吹倒，或蕉株被连根拔起，或假茎被拦腰折断，或假茎与蕉头连接处断裂（图21）。影响香蕉受风害程度的因素很多，其中风速的大小是最直接的因子。根据蕉株所处生育期的不同，其受灾程度表现为挂果期大于花芽分化期，这主要是因为挂果期由于果穗重量增加，假茎承受拉力增大，蕉株抗风能力较差，而且此时期为了防止果穗过重导致植株折断，蕉农通常采用了绑绳措施，因此当遭遇大风时易导致相互牵连而出现大面积倒伏的状况。当然，外部设施的差异也能影响香蕉的受损程度。不同的蕉园地形的受灾程度表现为山顶＞山坡＞开阔地，迎风坡的受灾程度大于背风坡。蕉农的防风意识也能在一定程度上影响香蕉的受灾程度。

图21　蕉株假茎被拦腰折断

猕猴桃是一种落叶木质藤本植物，主要分布在北纬18°～34°的亚热带或温带湿润半湿润地区。猕猴桃因其叶片肥大，缺乏弹性，在其生长发育过程中易遭受风害。据统计，风力5级以上、降水量26毫米以上的大风暴雨天气或风力6级以上、降水量20毫米以上的天气，就会对猕猴桃生产造成不同程度的损害，甚至绝收。猕猴桃遭受风害的症状主要表现为：叶片被吹翻，枝条被吹断，果实出现磨损形成残次果，商品性降低，且部分果实脱落；受害严重的果园支架倒塌，果树主干劈裂，果树整片倒伏，果园绝收。强烈的冷暖空气对流导致大风天气出现是造成风灾的主要气象因子。果园中使用的架材、架型也能影响果园的抗风能力，同时，果园的管理程度也能影响猕猴桃遭受风害的程度。

2. 抗风害技术　　果树对抗风害的最根本方法是合理规划布局果园的地理位置，切忌在风口、风道地区建设果园，同时注意营造防风林带，增强防风效果。另外，在实际的农业生产管理过程中注重枝干的修剪，降低树冠的高度，保证果树肥料和营养物质的供给，并加强病虫害的防治。对于已经遭受风害的果园，应因地制宜，根据实际情况进行管理，提高灾害自救能力，减少果园损失。

风害是果树生长过程中一种重要的灾害之一，风速大小是致灾的重要因素。通常以近地面最大风速表示大风的强度，并评估其造成的损失。对于南方果树而言，其在生长过程中会经常遭受台风的袭击，对于台风灾害而言，伴随其同时发生的特大暴雨也是造成灾害的重要气象指标，通常用日最大降水量和总降水量作为暴雨强弱的指标。当然，造成灾情的因素有很多，除致灾因子外，孕灾环境也能在一定程度上影响风害的产生的损失。果园的地理位置、防护林的建设等都将影响灾情程度，因此在实际农业生产中应切实加强田间管理，以增强果树

抵抗大风的能力。

（七）甘蔗

1. 灾害症状 甘蔗是制造蔗糖的原料，且因其能够提炼乙醇而被用作能源替代品使用，其适宜培植在土壤肥沃、阳光充足的地方，广泛分布于北纬 33°至南纬 30°的热带和亚热带地区，且以南北纬 25°之间面积更为集中。巴西是甘蔗种植面积最大的国家，印度紧随其后，中国位居第三。中国的甘蔗主产区主要分布在广东、广西、福建、云南、四川、台湾等南方地区，近年来，随着生产技术的发展，甘蔗的大棚种植开始向中原地区扩展（如河南、山东等地）。

甘蔗是一种茎小但却高大的禾本科植物，高者甚至可达 3 米以上，而且甘蔗的叶子比较脆且薄，因此较易受到大风的威胁。中国的甘蔗产区主要位于东南沿海地区，每年 6～10 月因受台风侵袭，其甘蔗生产都会遭受不同程度的损失。对中国影响较大的台风多从热带海洋发生，且风力较大，携带大量降水并在沿海蔗区登陆，并以广东、海南两省居多，其次是福建和浙江。通常台风按照风力强弱可分为 12 个等级，7 级以下的风力对甘蔗的生长影响并不大；8 级以上的风力将对甘蔗产生重大影响，风速越大其造成的损失也将更为严重。

风害对甘蔗造成的危害具体表现为：①甘蔗的生长速度明显下降，通常夏季温度较高、雨量充分且日照充足，是甘蔗生长的黄金时期，此期的生长量可达全年生长量的 50%以上，此时如若遭遇台风，将使其生长量明显降低。②单位面积上有效茎数减少，大风侵袭导致甘蔗呈现倒伏、半倒伏状，且伴随着不同程度的蔗茎折断，其折断率平均可达 8.3%，严重影响甘蔗产量。③甘蔗的生理死亡率升高，通常伴随着蔗株的倒伏，不仅使得蔗茎折断或扭伤，而且会损伤甚至拉断部分蔗根，导致根部的吸收能力减弱、支撑能力降低，蔗茎运输、储存养分能力受到阻碍，与此同时，植株倒伏使得蔗叶互相重叠，光合作用减弱，养分累积减少，然而植株为了维持正常的生命活动而进行的呼吸作用又将消耗大量的养分，从而导致甘蔗的生理功能失调，养分分配失衡，导致蔗茎出现蒲心或通心，造成生理死亡，其出现率一般在 4%～7%。④茎重和蔗糖糖分降低，甘蔗倒伏后使得生长点的顶端优势遭到破坏，侧芽、气根和无效分蘖增加，养分被大量消耗到这些器官，因而促进蒲心或通心的形成，导致蔗茎重量减少，蔗汁含量降低。⑤病虫害增加，遭受风害侵袭的蔗田因后期管理混乱，病虫鼠害增加，影响甘蔗产量。

当然，风害在造成甘蔗大量减产的同时，也将间接影响制糖工业的发展。首先，遭受风害的甘蔗，相比于正常甘蔗，其蔗糖糖分减少 0.21%，纯度下降 3.83%，产糖率则降低 0.2%；其次，风害导致甘蔗的枯死茎秆增加，增加制糖工业成本，且因枯死蔗茎中含有某些有害物质，增加制糖生产工艺的难度。

2. 抗风害技术　尽管台风的发生无法阻挡，但却可采用适当的防御措施，降低风害造成的损失。①建设防护林带保护甘蔗，可在蔗园外围根据实际情况使用乔木或灌木建设防风林带，主林带的带距通常设置为 2 000 米，长为 1 600 米，林带宽 15～20 米，副林带的带距和长都为 200 米，林带宽则设置为 5 米，从而在降低风害的同时，还能改善局部小气候促进甘蔗生长。②选择抗风的甘蔗品种，这是抵抗风害的一种经济实惠又有效的方法，其选种原则是，蔗株矮生，蔗茎粗壮，蔗皮硬实，纤维较多，根系发达，比如新台号或粤糖的若干系列。③改善耕作栽培技术，对蔗田进行深度松耕、沟植，将种苗平放，施用有机质肥作为基肥，并适当增施磷肥、钾肥和复合肥等，在培土后进行踩实，促进根部发育，增强加固作用，及时剥离干枯叶，促进蔗茎老化，增加纤维度，增强抗倒伏能力。④推广冬植蔗的地膜覆盖栽培，冬植蔗生育周期长，蔗皮坚硬，在台风频发季节其抗风能力强，是抗旱、抗风栽培的重要途径。⑤防治病虫鼠害，坚持"预防为主，综合防治"的原则，贯彻执行农业、物理和生物防治为主，化学防治为辅的方针，减少螟虫等对蔗茎、蔗根的损害，增强抵抗风害的能力。⑥因地制宜，根据大风实际发生的情况采取相应的紧急措施，可将两行的甘蔗捆绑在一起，增强抗风能力，但应注意在风害后要及时进行松绑，避免影响甘蔗生长。

当然，在增强抗风能力的同时，也应当具备灾害的补救能力，可采取以下措施尽量减少风害对甘蔗生长造成的损失：①迅速清理蔗田，排出园内积水，将受损的蔗株、蔗叶搬出园外，以减少病虫害的发生；被风吹断的未成熟蔗茎可作秋植蔗种苗使用，或者用于制作酒精或酒。②扶蔗培土，风停后应召集人力扶正被风吹倒的蔗株，并用锄头将泥土培高并踩实，加强蔗株的稳定。③增施速效性氮肥，对于正处于生长期的甘蔗应每公顷增施 75 千克尿素，使蔗株尽快恢复正常生长。④喷施农药，防治病虫鼠害的发生。

台风是一种自然灾害，其形成的范围可达数十千米的气旋风暴具有极强的破坏力。生长在沿海地区的甘蔗，常年饱受台风的侵袭，其受灾程度与台风的风力大小有直接关系，也就是说风速是甘蔗遭受风害的最直接的影响因子。同时，台风发生时，通常携带大量的降水，其虽能在一定程度上缓解旱情，但是当雨量达到一定量级时，也将给蔗株的生长带来灾难。

当然，影响甘蔗受台风危害的程度不仅与台风的风力和暴雨有关，甘蔗自身及其外部环境的差异也能影响其遭受风害的风险。①甘蔗品种，不同的品种其抗风能力略有差异，甘蔗的形态、蔗皮硬度以及根系等都将影响甘蔗的抗风能力，通常选用叶短、根系粗壮发达的品种以增加对台风的抵抗能力。②就甘蔗种植期，通常，冬植蔗的平均倒伏率高于春植蔗11.96%，但其平均风折率却比春植蔗低5.13%，这可能是因为冬植蔗的生长期比春植蔗长1～3个月，蔗株较高，蔗茎成熟较快，纤维成分高，皮质坚硬，组织老化，大风过后，植株倒伏却较少风折。③栽培管理，通常不培土甘蔗比培土甘蔗倒伏严重，浅种甘蔗比深种甘蔗倒伏严重，田间管理较好、水肥供应充足且蔗株高大的比田间管理较差且蔗株矮小的倒伏严重。④外部环境，通常有防风林的蔗园其倒伏率和风折率较低，背风处的甘蔗其风折率也较低。

Chapter 8 **第八章**
防抗农业雪害技术

一、基本概念

（一）雪害

雪害指冬季降雪过多、积雪过厚、雪层维持时间过长，致使冬作物、家畜和林木生产以及农业设施等遭受的损害，是农业气象灾害的一种（图22）。

图 22　雪　害

（二）暴雪

暴雪指日降雪量（融化成水）大于或等于 10 毫米的降雪天气。暴雪预警信号分为四种：蓝色、黄色、橙色和红色，其中，蓝色预警信号代表 12 小时内降雪量将达 4 毫米以上，或已达 4 毫米以上且降雪持续；黄色预警信号代表 12 小时内降雪量将达 6 毫米以上，或已达 6 毫米以上且降雪持续；橙色预警信号代表 6 小时内降雪量将达 10 毫米以上，或已达 10 毫米以上且降雪持续；红色预警信号代表 6 小时内降雪量将达 15 毫米以上，或已达 15 毫米以上且降雪持续。

二、防抗农业雪害

(一) 冬小麦

1. 灾害症状 冬小麦雪害多发生在早春，刚返青的冬小麦遭遇较长时间的田间积雪，会发生"烂麦心"现象。有的年份因冬季积雪过深，时间过长，常有真菌病害发生。冬小麦雪害的指标为越冬期雪层厚度持续 4 个月超过 5 厘米。遭受雪害的主要原因是深厚雪层下温度较高，光合作用微弱而呼吸作用旺盛，作物体内养分被大量消耗，形成饥饿状态。同时，雪层下的植株还易受病菌的危害，使叶片及基部组织腐败而全株死亡。冬作物如秋季锻炼的条件不利，产生雪害的可能性大。连作地病菌菌源较多，秋季灌溉过量、过晚，或地势低洼积水的田块以及播种过晚的麦田都易诱发病害，雪害将更严重。

2. 抗雪害技术 冬小麦抗雪害技术主要包括 6 个方面：

①实行轮作，合理栽培。实行轮作，避免连茬以减少土壤中的病菌，采用合理栽培措施，适时秋播和适时适量秋灌防止田间积水等。

②雪后镇压，减少消耗。降雪过早时，进行雪后镇压可降低雪下温度，使雪下作物停止生长，减少营养物质消耗。

③清沟理墒，防御渍害。要及时做好受冻麦田的清沟排渍工作，以养护根系，增强其吸收养分的能力，保证叶片恢复生长、新分蘖的发生及其成穗所需要的养分。

④及时追肥，促进小分蘖迅速生长。主茎和大分蘖已经冻死的麦田，分两次追肥。第一次在田间解冻后即每亩追施尿素10千克，开沟施入；缺磷的地块可将尿素和磷酸二铵混合施用。第二次在小麦拔节期，结合浇拔节水施拔节肥，每亩施用10千克尿素。一般受冻麦田，仅叶片冻枯，没有死蘖现象，早春应及早划锄，提高地温，促进麦苗返青，在起身期追肥浇水，提高分蘖成穗率。

⑤病虫防治，预测预报。做好纹枯病和吸浆虫的监测与防治工作，加强预测预报，最大限度减轻损失。

⑥加强中后期肥水管理，防止早衰。受冻小麦植株的养分消耗较多，后期容易早衰，在春季第一次追肥的基础上，应根据麦苗生长发育状况，在拔节期或挑旗期可喷施矮壮素，以增强小麦的光合作用，促使穗大粒多。

（二）油菜

1. 灾害症状　油菜在雪灾后易表现出冻害症状：一是叶片受冻。叶片细胞间隙和细胞内水分结冰，细胞失水，叶面出现像水烫一样的斑块，然后叶片会变黄、变白然后干枯。二是根拔。一些播种或移植迟，整地、移栽质量差，水肥不足，植株瘦小，扎根不深的菜苗，因冻冰而体积膨大，土层掀起，扯断根系，菜苗抬高，根露苗倒，发生拔根现象，再经风霜日晒，就会造成菜苗死亡。三是冻薹。蕾部受冻呈黄红色，嫩薹受冻，茎秆破裂，严重的顶端萎缩下垂，以致枯死。

2. 抗雪害技术　油菜抗雪害技术主要包括4个方面：

①及时清沟排渍，有效防止春雨危害。冰雪融化，冻土散落，极易造成田间沟渠阻塞，渍水伤根，因此要对油菜田进行及时清沟排渍，以养护根系，增强其吸收养分的能力，保证油菜生长发育及恢复生长所需要的养分。

②适时摘除老黄叶，降低田间湿度。适时摘除老黄叶及受冻严重的菜薹和叶片，以减少田间遮蔽，增加通风透光，降低田间湿度，促进中下部分枝生长，弥补冻害损失。

③追施蕾苔肥，适时适量。冰雪融化后，要及时追施蕾苔肥，一般亩施尿素 2.0～2.5 千克，摘薹的田块尿素用量每亩可加大到 5 千克，并选择在晴天的下午施肥；每亩还应叶面喷施 0.1％～0.2％硼肥溶液 50 千克左右，以促进油菜分枝生长，增加花芽分化，提高结实率。

④加强病虫害防治，适时用药。油菜受雪害后，组织极易受病菌侵染，特别是菌核病有加重的趋势，应及时喷施多菌灵、甲基硫菌灵等杀菌剂，并在初花期和盛花期用菌核净（或用多菌灵、甲基硫菌灵）防治菌核病各一次。

（三）毛竹

1. 灾害症状　毛竹雪害症状因地形、立地条件、立竹度等存在显著差异。山顶、山脊由于受风的影响较大，部分积雪易被吹落，同时竹梢顺风着地，以压弯竹多；山涝处降雪受局部地形旋风的影响较多，积雪量较大，多为折断竹、翻蔸竹。立地条件好的地块，立竹根系较深，毛竹承受积雪的能力强，但当积雪达到一定量时，立竹从中上部折断、破裂；土层浅薄的地块，立竹根系较浅，易出现翻蔸、破裂竹。立竹度在 180 株（每亩）以上的竹林，折断、破裂、倒伏现象较严重，易出现成片倒伏现象；立竹度在 130～170 株（每亩）的竹林，立竹受灾相对较轻；立竹度在 120 株（每亩）以下的竹林，竹林相互距离远，受灾立竹在压弯时无法碰撞相邻立竹，因而无法在碰撞过程中掉落积雪，则易出现折断、破裂、倒伏、翻蔸。

2. 抗雪害技术　毛竹抗雪害技术主要包括 7 个方面：
①烟熏增温、摇竹除冰。在积雪期间，及时在山谷林缘堆

放若干堆稻草燃烧，烟熏增温，待冰块与竹叶、竹枝、竹竿接触面化水时，组织人员轻摇竹竿，使冰块掉落，减轻立竹上的冰雪重量（图 23）。

图 23　摇竹除冰

②雪后及时清理，清保明确。雪灾后大年竹林宜在新竹展枝开叶后（6 月）进行清理，对于弯曲竹尽量保留，对于断裂部位较高的梢部断裂竹可砍去梢部，对翻兜竹、断裂竹可全竹砍伐，对枯死竹、病虫害竹应及时砍伐。对于翻兜竹、竹叶发枯的破裂竹和折断竹（在兜部锯断，回土填坑）应全部清理掉；保留部分竹叶仍正常生长的破裂竹株和折断竹株，并进行砍梢处理（保留 15 盘枝），以利来年发笋。对于花年竹林，一次性全部清光老、弱、病的立竹，对 1～2 年生健康竹，可等到 5～6 月新竹展枝开叶时再进行清理。

③灾后复壮，禁笋限采。受灾后，竹林的复壮通过禁笋育竹和限额采伐来促进竹林生产力恢复。受灾严重的竹林在雪灾后当年的夏季到第 3 年禁止伐竹，自灾后第 3 年的秋季到第 7 年的夏季，允许少量伐竹（仅限灾后留存的竹株），在雪灾后第 7 年的秋季，恢复丰产林采伐制度。

④及时抚育，水肥管理。新造毛竹林抚育措施包括：壅箨培土、覆盖稻草或杂草；用麻袋、蛇皮袋或稻草包裹竹冠。晴天后及时进行培蔸、扶苗、定竿、林隙地补植，开春后及时加强水肥管理。

⑤劈山松土，保鞭护芽。劈山松土主要指在每年的 6～7 月对竹林进行全面垦复。用锄头除草松土，以除代劈，一般掌握夏秋浅除 10～15 厘米，冬季可适当深翻 20～25 厘米。在对花年竹林松土时，应保护活鞭和已发育的笋芽，林缘进行带状垦复，以诱导竹鞭蔓延生长，扩大竹林面积。

⑥巧施有机肥，适时适量。对于成林的毛竹，以施有机肥为主，在夏秋结合除草松土进行，开沟或挖穴埋施，注意地薄处多施厚盖。一般每亩大约施 150～250 千克为宜。速效肥可直接施在伐蔸附近或伐蔸内，具体操作为：3 月中下旬，将雪灾后的伐蔸用钢钎打通全部竹节隔（约 30 厘米），每蔸灌入尿素 100～300 克，雨天可不灌水，晴天应适量浇水，最后用泥土封口即可。

⑦钩梢整枝，适时适量。钩梢整枝包括在海拔较高，受风大雪压严重的竹林，可适当钩梢减少风倒雪折，保持竹竿端直，稳定竹冠位置。钩梢时间一般在 9 月下旬至 12 月进行。钩梢强度应不超过竹冠总长的 1/3，每株留枝不少于 15～20 盘。

（四）果树

积雪会引起果树断枝、裂枝、扭枝，致使树冠遭到破坏。与落叶果树相比，柑橘、杨梅、枇杷等南方常绿果树在冬天下雪时由于枝叶仍然茂盛，最易遭受雪害。雪害发生程度与果树种类和品种、果园位置、枝干上有无机械伤、降雪时的天气有关。

果树抗雪害技术主要包括 4 个方面：

①多种举措，及时预防。雪害的预防措施主要包括：增施有机肥，特别是磷、钾肥，促进果树各级枝干生长充实，提高抗雪害能力；做好整形修剪，培养结构稳定的树林，在雪前减少过密的大枝条，减少树冠积雪；疏除过密枝条，在修剪、采收、施肥等过程中注意不碰伤枝干，避免损伤。

②及时去雪，慎防损伤。降雪期间，要及时摇落树上的积雪、积冰，以减轻树叶受冻，防止冰雪压断枝干。在下中雪或大雪时摇雪，做到雪停树冠上无积雪；若遇树上有结冰，需在中午前后气温较高时用枝权顶住枝条，向上轻轻摇动，将树上积雪及冰片摇落，切忌向下抽打枝叶，以免造成损伤。

③损伤枝干，及时防护。对于雪灾后完全折断的果树枝干，应及早于断口处锯断，将伤口削平，涂上杀菌剂，或用塑料薄膜包扎，以加速伤口愈合；对撕裂未断的枝干要及时加以抢救，不要锯掉，方法是将撕裂的枝干扶回原来的部位，用绳或铁丝捆紧，使裂口部位的皮层紧密吻合，再在裂口上均匀涂上一层凡士林或黄油，用薄膜包严，并设立支柱或用绳吊枝将枝干固定，同时适当剪除枝叶，以利于撕裂枝伤口愈合。撕裂枝伤口完全愈合（1～2 年）后的春季，及时解绑，将裂口部位绑缚的绳或铁丝、薄膜解除。

④强化雪后管理，适时适量。加强雪灾后栽培管理，主要包括：清沟沥水，防止雪水渗入地下伤根。雪后的上午 10～11 时要及时喷水，每天一次，连续 2～3 次，第一次喷清水，第二次喷 0.2%～0.3% 尿素或 0.1%～0.2% 磷酸二氢钾等稀薄叶面肥液，以恢复叶片功能。对雪害严重导致枝干裸露的树，入夏前应将主干、主枝刷白，防止日灼。

（五）设施蔬菜

1. 灾害症状 雪灾会引起大棚倒塌，蔬菜受冻害严重，导致减产。大棚的机械强度较低，其中竹木结构大棚和小拱棚最易在雪灾后倒塌，其次是钢管大棚，相对牢固的是轻质水泥骨架大棚。由于降雪强度大，主要发生在夜晚，大棚的管理水平较低，无法及时清雪，易导致大棚倒塌。

2. 抗雪害技术 大棚蔬菜抗雪害技术主要包括 7 个方面：

①及时检查维修，做好防护措施。降雪前，检查棚膜（图24）破损、棚架坚固、棚口保温、压膜线紧固等，及时维修，尽量采用拱形结构增强支撑力，棚顶要有坡度，以避免积雪；采取保温措施，防止蔬菜作物受冻；控制浇水和追肥，以降低湿度，避免旺长，如是喜温蔬菜，可增加一层棚膜或搭小拱棚；如降温较多，育苗大棚除盖草帘外还要建小拱棚盖防寒被。

图 24 检查棚膜

②多措并举，及时消除风险。降雪时，增加立柱和斜撑数量，及时清除积雪。如遭遇连续降雪可悬挂反光幕，或悬挂大功率灯泡进行补光加温，在中午雪停时要进行放风。同时，注

意放风、换气。如遭遇连续3天以上的阴雪天气，利用中午温度较高时段放顶风1~2个小时，减少棚内的二氧化碳等气体。

③变害为利，提高资源利用率。利用雪水代替普通水浸种、浇菜，可以大大减轻重水的危害，提高蔬菜产量。

④雪后检查，加固修复。降雪后，抓紧时间修复、加固温室和大棚骨架及棚膜。立即清除积雪，注意温室中柱部位的加固，墙体裂缝部位、变形骨架或折断骨架的修复。

⑤撒灰降湿，合理通风。为了保温，大棚通风次数不宜过频，但通风次数减少又易导致大棚湿度加大，为了降低湿度，大棚内宜撒干燥草木灰2~3次，通过撒草木灰吸水降湿，也可于大棚畦沟内加放木炭或生石灰降湿。

⑥确保光照，促苗复壮。降雪后，修复被大雪压倒的大棚，应及时清除棚膜积雪增加进光量；加强管理，促苗复壮，进行中耕划锄提高地温；如阴雨雪天气时间长，雪后骤晴时注意分几天逐渐揭苫，避免蔬菜打蔫闪苗；对于长势较弱的棚菜，喷施1‰葡萄糖溶液和叶面肥。

⑦强化管理，水肥到位。瓜类与茄果类蔬菜生长受冻时，应及时剪去生长点和下部老叶，促进侧芽长成侧枝，同时加强水肥管理措施。

防抗农业雹害技术

一、基本概念

(一) 雹害

雹害指降雹给农业生产造成的灾害，是一种局地性强、季节性明显、来势急、持续时间短的气象灾害。主要表现是使农作物、蔬菜、花卉和果树遭受机械损伤和冻伤，同时冰雹对牲畜和农业设施也会带来危害。雹害的轻重取决于作物的生育时期和冰雹的破坏力，在作物抽穗期、灌浆期和成熟期遭遇雹害，可导致绝收或严重减产。

(二) 冰雹

冰雹指积雨云从大气层降下而形成的小冰球，重量可达1千克。当小冰粒周围冻上层层冰层时，云中就会出现冰雹。最常见于温带地区的大陆性内陆地带。

二、防抗农业雹害

(一) 玉米

1. 灾害症状　雹害会对玉米造成机械损伤，如砸伤茎叶、砸断茎秆，甚至损坏根茬；降雹前后的温差会对其造成不同程度的冷害，使被砸伤的玉米茎叶伤口组织坏死；降雹后导致土壤严重板结。

2. 抗雹害技术　玉米抗雹害技术主要包括 5 个方面：

①雹后及时排水，适量追肥。降雹后，及时排除田间积水，清除残枝落叶，抖掉枝叶泥土，扶正植株，并借墒追施速效化肥，追肥数量应大于正常用量。

②雹后剪叶，促进新叶生长。雹灾过后，及时剪去枯叶和烂叶，以促进新叶生长。

③雹后中耕，促苗早发。雹灾过后，容易造成地面板结，地温下降，使根部正常的生理活动受到抑制，应及时进行划锄、松土，以提高地温，促苗早发。

④灾后追肥，促进植株恢复。灾后及时追肥，对植株恢复生长具有明显的促进作用。一般地块，每亩可施碳铵 5 千克左右。

⑤灾后移栽，力争稳产。对雹灾过后出现缺苗断垄的地块，可选择健壮大苗带土移栽。移栽后，及时浇水、追肥，以促进缓苗。

（二）棉花

1. 灾害症状　雹灾发生时间短、速度快、机械损伤严重，同时会伴有狂风暴雨等发生，会对棉花叶片造成破坏、砸断枝头、蕾铃脱落，对产量和品质产生不利影响。不同等级的雹灾导致的灾害症状不同，在轻度危害时，棉花的叶片破损，主茎顶部无损伤，果枝断枝不足 10％，花蕾脱落不严重，发育期处于初花期以前，此时可很快恢复，基本不会影响产量。中度危害时，棉花落叶、破叶严重，主茎无损伤，果枝断枝 30％以下，多数花蕾脱落，发育期处于初花期前后。此时若加强管理可很快恢复长势，轻度减产。重度危害时，无叶片，主茎基本无损伤，叶片完好，腋芽完好，果枝断枝 60％以上，断头率达 40％～60％。发育期在有效蕾期内，此时若加强管理，可恢复生长，但一般会减产 $30\% \sim 40\%$。严重危害时，无叶片，无果枝，光杆，主茎表皮破裂小于 50%，腋芽破坏低于 70%，叶片大部分完好。发育期在有效蕾期内，此时采取一定管理措施，可长出一定数量的果枝和花蕾，但减产幅度较大。特重危害时，光杆，主茎被冰雹砸破大于 50%，叶片大部分被破坏，腋芽少于 30%，此时已很难恢复，必须毁种。

2. 抗雹害技术　棉花抗雹害技术主要包括 5 个方面：

①合理整枝，多结棉铃。受灾后，棉株恢复生长期间，易多头丛生，不利于现蕾结铃，必须合理修剪。对于顶心完好、断板破叶的棉株，要及早去掉赘芽和疯杈，以保证顶心生长；雹灾使得棉花顶心被破坏，仅留残叶及少量果枝的棉株，可在主茎上部选留 $1 \sim 2$ 个大芽，代替顶心生长；在大部分新枝开始现蕾后，及时去除无效蕾枝，并适当早打顶，争取使棉花多结有效铃。

②迅速追施速效氮肥，减轻雹灾影响。灾后及时追肥，可以改善棉株营养状况，使其在尽快恢复生长的基础上，促进后期的生长发育，以减轻灾害损失。一般地块每亩可追肥尿素 $5 \sim 5.5$ 千克或碳铵 $13 \sim 15$ 千克。

③松土降温，促使棉花早发。雹灾后，必须及时及早进行中耕、晾墒，以增温通气，控制死苗，促使早发。盐碱地棉田更应及时松土，防止出盐死苗。

④分类处理受灾棉株，防止荫蔽。对轻灾棉株，要及时打老叶、抹赘芽，防止枝叶串长，减少对棉株的荫蔽。对重灾棉株，要早打顶心，及时采摘烂桃。

⑤雹灾过后，及时治理虫害。雹灾后，要及时认真治理棉花虫害，尤其关注蚜虫、红蜘蛛、棉铃虫的治理。

（三）蔬菜

1. 灾害症状　受雹害影响后，蔬菜植株生长点基本全部被击落或击伤，大部分果实被击落或击伤，叶片基本全部被击落，只剩较短的叶柄，部分残存的叶片也不完整，枝干表面有大量击伤或擦伤。

2. 抗雹害技术　蔬菜抗雹害技术主要包括 4 个方面：

①雹灾过后，及时扶理或重种。对雹灾后，倒伏蔬菜进行及时扶理，喷施叶片肥，对受害严重的蔬菜进行拔出或重种。

②雹灾过后，及时预防和控制病虫害。雹灾后，对蔬菜叶面喷施内吸性杀菌剂和叶面保护剂进行病虫害预防和控制，同时施加叶面肥和生长调节剂，增强蔬菜的抗逆能力。

③加强水肥管理，促进蔬菜生长。以番茄为例，打药后进行开沟追肥，尽早灌水，加快蔬菜新枝生长，有利于恢复健壮生长。

④蔬菜打药后，适量水肥管理。一是沟灌水。打药后，可直接开沟灌水，对于未施肥的地块在开沟前足量追肥后灌水，灌水以半沟水为准，沙土地可灌透，其他土质可适当减少灌水量。二是打药后直接滴水、滴肥。一次滴水量为 20～25 米^3/亩（以番茄为例），滴肥磷酸二氢钾 5 千克/亩，尿素 2～3 千克/亩。7～10 天一次，连续 2～3 次。

（四）果树

1. 灾害症状　对于桃、梨和苹果而言，晚春冰雹会砸落果树已开放的花瓣，对坐果影响较大；对葡萄而言，此时冰雹会砸落、砸伤枝蔓上已萌发的大部分幼芽，砸断稍长的嫩梢，生长点会受损，影响生长。夏季冰雹不仅会砸伤砸落幼果，也会导致病害发生，降低果实品质，造成减产。

2. 抗雹害技术　果树抗雹害技术主要包括 3 个方面：

①采用物理防护，减轻雹害影响。应用防雹网等物理防护技术，预防冰雹；同时，防雹网还可防止叶蝉、鸟害、风害。

②加强管理措施，增强防雹能力。新建果园，注意选用预备芽萌发力与结实力强的品种。对于冰雹砸伤已枯死的枝条，可从伤枝附近剪去，涂保护剂，然后从附近选留新枝或徒长枝进行培养，或采用高接补救措施，以恢复产量。对于伤枝较轻的果树，要及时将劈枝吊起，劈枝基部用绳绑紧，外面用塑料膜包严，以利于伤口愈合。

③雹灾过后，及时预防病害。雹灾后，要及时进行全园喷施杀菌剂，减少病菌侵入；同时，加强根外施肥，提高果树抗性，在喷药中加入 0.3%～0.5% 尿素或微肥，以补充树体养分。

防抗畜牧业气象灾害

一、畜牧业气象灾害

1. 灾害症状 不利的气象条件会对畜牧业造成的气象灾害，包括牧草生长季旱灾、黑灾、白灾（雪害）、冷雨、大风、冰雹等。草原放牧业与气象条件关系密切。生长季干旱、草场缺雨时，牧草长势差，产量低，质量下降，使牲畜长期处于饥饿状态、体质羸弱，到冬季往往因冻、饿、病而大批死亡。冬季长期降水少或无降水，草场积雪浅或无积雪的地区，在缺乏供水设施的条件下，牲畜掉膘严重，体质瘦弱，易感染疫病，造成大量死亡，形成黑灾。冬季降水量过大，草场积雪深厚，导致牲畜放牧采食困难，轻则引起牲畜掉膘，重则大批死亡，形成白灾。在牲畜放牧时，特别是在转场、产羔、剪毛、药浴等牧事活动时期，遇寒潮、暴风雪（俗称白毛风）、伴有强烈降温和大风的降水天气（俗称冷雨）、地面结冰、雪层内或雪层表面形成冰层等都会造成牲畜死亡或感染疫病。中国畜牧气象灾害主要发生在内蒙古、新疆、青海等地。

2. 抗灾技术 畜牧气象灾害的抗灾技术有：

①开辟水源，储备饲料。开辟水源，发展人工灌溉草场；储备饲草、饲料，冬季选择适量积雪地区放牧。

②兴修设施，以防为主。根据天气、气候的变化适时进行各种牧事活动，兴修棚圈等简易设施，以减轻不利气象条件对牲畜的影响。

③舍饲牧业，强化管理。对于舍饲畜牧业，应改善畜（禽）舍结构，使夏季通风良好，减轻太阳辐射增温效应，冬季能避寒风，并能利用太阳辐射提高畜舍温度。

④科学放牧，以定代游。加强宣传力度，引导牧民变游牧为定牧。

⑤科学防抗，优选畜种。为了防抗畜牧气象灾害，需要科学引进、培育和推广优良畜种。

二、黑灾

1. 灾害症状　牧区冬半年积雪过少或无积雪带来的畜牧气象灾害。中国西北牧区气候干燥、水源缺乏，冬季人、畜饮水主要依靠积雪。降雪过晚，畜群不能按时进入冬季牧场，在河湖封冻以后，牧畜 20 天吃不上雪，就会缺水；40 天吃不上雪，就会普遍掉膘；如果连续两个月以上无积雪，牲畜瘦弱，极易引起疫病流行，甚至造成大量死亡。降雪过早或积雪太薄，维持时间短，积雪消融后，又迫使畜群提前转移牧场，致使草场利用率不高。黑灾的危害程度与冬季的积雪情况、地表水的封冻迟早、地下水的埋藏深度以及供水设施等有密切关系。

黑灾主要有两种类型：一是断续型，主要发生时间为 11～12 月和 3～4 月两个阶段；二是连续型，在黑灾可能发生期内各月都有出现。黑灾的主要发生地区是新疆准噶尔盆地、甘肃河西牧区及内蒙古自治区的北部边缘的缺水草场。

2. 抗灾技术　防抗黑灾的技术主要包括 6 个方面：

①以草定畜，科学放牧。入冬前，根据储备的草和天然草场的情况，对牲畜进行分类管理，保住良种基础母畜、种公畜，加强对保留的牲畜的饲养管理和疫病的防治工作。

②发生黑灾，及时转移。注意天气预报，及时转移牧场，

在转场途中设立饲料补给点和供水站。

③依托地形，人工积雪。有条件的地方选择有利地形，进行人工积雪。

④增加抗灾力强的牲畜数量，提升抗灾能力。调整畜群结构，有计划地扩大抗灾力强的牲畜比重，以提高畜群的抗灾能力。

⑤加强牧区水利建设，提升抗灾能力。在无水和缺水的草场，要加强水利建设发展，开辟水源，同时还应根据当年积雪分布状况，选择有适量且稳定积雪的无水草场作为冬季和春季牧场。一旦遇见黑灾，可根据黑灾发生程度及时转场。同时，选择有条件的地方，有计划地打井、挖水窖，改变饮水靠雪水的被动局面。

⑥提高草场质量，解决牧草不足的问题。建立人工或半人工草场，同时改良劣质退化草场，延长草场的使用年限，解决季节草场不平衡、冷季牧草不足等问题（图25）。

图 25　建立人工草场

三、白灾

1. 灾害症状　白灾（见雪害）指草原畜牧业的冬季雪害，

是由于草原牧区冬季降雪过多、积雪过厚、积雪期过长，草场牧草被积雪掩埋，导致家畜采食困难或根本吃不上草而造成冻饿或染病而大量死亡。白灾的发生主要受降雪量、积雪深度、密度和时间影响，同时也和草场状况、牧业生产方式和补饲条件有关。白灾主要发生在中国新疆、内蒙古以及蒙古国草原放牧地区。

2. 抗灾技术　牧区抗灾技术主要包括 6 个方面：

①稳定饲草基地，确保供应充足。夏秋季节贮足饲料，白灾本质是积雪掩埋牧草，造成牲畜无法采食而产生的灾害。保证充足的饲草是抗御白灾的重要措施。建立稳定的饲草基地，贮足饲料来防御白灾危害。

②充分利用可用牧场，解决饲草短缺。针对白灾的发生，要充分利用一切可以利用的牧场，如选择冬季积雪较薄的牧场放牧，解决饲草短缺。

③建设棚圈，减轻牲畜伤害。修建简易棚圈，以减轻雪害对畜体的直接危害，这对于牲畜安全越冬非常有利，特别对于接羔保育期更加重要，充分利用草原太阳能建设暖棚（图26）。

图 26　修建简易棚圈

④及时了解天气，做好牧事活动。及时关注天气预报，适时做好产羔、剪毛、转场等牧事活动。

⑤调整畜群结构，科学应对白灾。当白灾发生时，应适当调整畜群结构，根据各种家畜破雪采食能力，混合编群，例如，先放马，再放羊，最后放牛，这样可使各种家畜都可采食，减轻白灾危害。

⑥因地制宜，科学破雪。在白灾的常发区，可根据条件进行人工或机械破雪，为家畜采食创造条件。

四、冷雨害

1. 灾害症状 冷雨指空气温度小于或等于5℃，降水量一般在5毫米以上，降雨时间较长同时伴随5级以上偏北风的降雨，有时是降雪，也称为湿雪。冷雨一般发生在夏季的6、7月。冷雨害是畜牧气象灾害的一种，指伴有显著降温和大风的降雨天气对牲畜造成的伤害。在中国北方牧区，冷雨多出现在晚春、夏季和秋季。内蒙古牧区每年可出现2次以上，春季出现的冷雨危害最严重，因为此时是接羔保育和羊的剪毛抓绒期，牲畜在越冬后抗灾能力较弱，遇冷雨受害最重；并且此时又是病菌微生物、寄生虫滋生繁衍活动期，疫病更容易传播。冷雨害的程度主要取决于冷雨的强度，牲畜受长时间的雨淋后，雨水渗透毛层，加上显著降温和大风的影响，不能正常采食，畜体内的热量平衡遭到破坏，新陈代谢失调，体温下降，表现出弓腰、颤抖、瘫痪等症状，甚至死亡。一般来说，骆驼、牛、马比羊受冷雨危害轻些，老幼、瘦弱牲畜比壮畜受害较重。

冷雨害过程对畜牧业的危害程度主要取决于以下几个因素：①过程中降水量越大，危害越严重。②阴雨及持续低温的时间越长，危害越重。③降水过程中气温越低，危害越重。④伴随降水过程中，降温幅度越大，冷风越强，危害越重。⑤春季抓绒剪毛和接羔育幼期，牲畜老弱病残及幼小牲畜抵抗力弱，棚圈条件差等，均导致危害加重。

2. 抗灾技术　防抗冷雨害的主要技术有 3 个方面：

①储足饲料，防寒保暖。设棚圈，储足饲料，以增强抗灾保畜能力，同时做好棚圈防寒保暖工作，预防夜晚低温冰冻造成牲畜挤压御寒死亡。

②因地制宜，减避风寒。在畜群远离棚圈或补充饲料不足的地方，可利用有利地形环境，如固定、半固定的沙丘牧场，由于日间气温高和沙丘所造成的屏障，可以减避风寒，并尽量使畜群聚拢，减少热量损失，进而减轻冷雨的危害。

③根据畜群特性，科学管理避寒。对合群性较强的马，在冷雨来临前拴牢公马，马群就会聚集在一起，不致惊群跑散。

五、暴风雪

1. 灾害症状　暴风雪在气象上称为雪暴，俗称白毛风，指在降雪过程中伴随大风，或无降雪时因大风将雪从地面上卷起飘舞到高空中的现象。发生特点是风大、天气寒冷、能见度低。暴风雪灾害是大风、大雪和强降温联合的结果，受灾对象主要是野外活动的牲畜，主要在中国内蒙古高原地区发生，且在锡林郭勒盟的南部和东部地区发生频率较高。发生时间主要在每年的 10 月至次年 5 月，其中 12 月和 3 月最为严重，白天是外出放牧的时间，所以白天暴发的暴风雪导致灾害更严重。暴风雪发生过程通常是 1～2 天，是一种天气灾害，一般在野外发生频率和强度很高，尤其在冬季大雪的年份更为突出。

暴风雪对于畜牧业的危害：①暴风雪发生时，使牧草发生机械损伤，草场产量和质量降低，导致草场沙化，尤其在冬春季，暴风雪可刮走大量枯草，风蚀土壤，草场水分蒸发增加，对人工草场的播种和天然草场的正常生长产生不利影响，进而会推迟春季牲畜"放青"和转场放牧时间。②暴风雪发生时，常是风雪交加，能见度低，放牧畜群因受惊而顺风狂奔，使家畜掉入井、坑、沟、湖泊、水泡和雪洼中造成死亡，也使妊娠母畜在顺风奔跑中造成机械性流产。暴风雪发生时还常伴有剧烈的降温和降温后的低温天气，这都易导致家畜的死亡。冬春季节暴风雪对畜牧业的危害最大。

2. 抗灾技术　防抗暴风雪的主要技术有 9 个方面：

①因地制宜，建设棚圈。在冬、春冷季草场上建设透光保温的棚圈，可有效防御暴风雪对家畜的危害。在修棚搭圈时，应选择在避风向阳、地势干燥、排水良好的地方，同时可利用地形垒筑防雪墙、防风墙（图 27）。

图 27　建设透光保温的棚圈

②因草控畜，适度放牧。控制载畜量，采取划区轮牧方式，降低放牧强度，防止草原退化。

③合理利用气候资源，发展畜牧业的集约化经营。在夏季和秋季，可选择在北部牧区培育幼小牲畜，充分利用夏季和秋

季牧场充足的牧草"催架子";进入冬季后,将牲畜分批运往南部农区,利用农区的饲草加工产品,以精料育肥上市。这可提高畜产品品质,也可提高农牧业的综合效益,减轻灾害发生时牧场因牧草不足而导致的不利影响。

④建设防护林,减缓暴风雪损害。在牧区大面积植树造林,种草种树,建立草场防护林带,增加地表植被覆盖度,减小近地面的风速,降低暴风雪对草场和牲畜的伤害。

⑤适时维护畜舍,保暖防寒。提前做好畜舍安全监测和维修。简易的畜舍采取加固措施,防止倒塌;存在安全隐患的畜舍要及时撤离牲畜,防止倒塌压死牲畜;及时清除屋顶积雪,防止畜舍漏风侵入;提前检查供水管道,用保温材料保温,防止水管破裂。

⑥有备无患,关注天气。提前储备饲料,确保饲料供应。密切关注天气预报,在大雪来临前,提前储备好牲畜的饲料、取暖燃料等。

⑦确保畜舍暖和、通风,预防有毒有害气体。暴风雪发生时,应做好畜舍的防寒保暖工作,关好门窗,防止寒风侵入;添加保温垫料(如稻草、木屑等),防止畜禽受冻受凉。由于门窗关闭,畜舍长期处于相对密闭状态,棚圈内的氨气、硫化氢等有毒有害气体浓度会超标,易导致牲畜生病。对于有风机通风的畜舍,每天应保持正常的通风换气,每次 $5\sim10$ 分钟;对于没有风机通风的畜舍,每天应定期开启朝南的窗户予以通风换气,在通风换气之前和换气的过程中,应增加棚圈内的温度。

⑧饲料应用调控,提高牲畜的御寒能力。在保证正常供应饲料营养的基础上,应在牲畜的每日饲料中增加能量饲料,如玉米、油脂等。这样可提高牲畜自身的御寒能力,进而增加抵抗力。

⑨加强牲畜疫病防控，做好防疫工作。突然降温对牲畜会产生很大的应激反应，应在牲畜的饲料或饮水中添加电解多维、黄芪多糖等抗应激和提高抵抗力的药物，用以缓解应激；提前做好新城疫、猪瘟和猪蓝耳病等冷季易发疾病的免疫预防工作；加强对棚圈内牲畜的监测与巡视，一旦发现异常现象，应做到早隔离、早诊断和早治疗。

第十一章
防抗森林草原气象灾害

一、皮灼

1. 灾害症状 皮灼通常指在干旱的天气条件下，薄而光滑的树皮受到强烈的阳光照射，果实和枝条的向阳面受太阳辐射剧烈增温，温度迅速增高使树皮形成层受到灼伤。林木皮伤和根茎伤是林木灼伤的两种类型，属于林业高温热害。皮灼主要危害果实和枝条的皮层。受害的树皮呈斑点状伤痕或片状脱落，轻者病菌入侵伤口，影响林木生长；重者树皮干枯凋落，甚至造成整株死亡。强烈阳光是皮灼的主要致灾因子。皮灼危害程度还与种植树木的树种、树龄、种植位置和日射时间长短有关。光滑皮薄的树易发生皮灼；阴性树，特别是幼树，受阳光强烈照射，也易发生皮灼。空旷地比林地气温高，所以在林缘或疏林地上的树木比林内的树木灼伤重，靠近采伐区的林墙，由于暴露在阳光下，易受灼伤。

2. 防抗技术 防止林木皮灼技术主要包括 2 个方面：

①优选树种，科学造林。在造林时注意树种选择。注意造林方式，怕灼伤的阴性树种与耐灼伤的阳性树种混交搭配，营造复层林，以避免阴性树种的灼伤。

②低湿地造林，条带采伐。造林时，要选低湿地，在高温干旱地区造林应选择耐灼的阳性树种；采伐时应采用带状采伐，使保留下来的树木对更新幼树起遮阴的作用。

二、根茎灼伤

1. 灾害症状　根茎灼伤是指林木幼苗或幼树根茎受土壤表层高温灼伤。灼伤后，幼树树苗与土壤接触处出现 2 毫米宽的环状伤痕，轻者树皮微黄，1～2 天后出现倒伏现象；重者树皮呈暗褐色，当即死亡。根茎灼伤对苗圃育苗及山地（直射）造林危害很大，一般可降低成活率百分之几到百分之几十。林木幼苗，尤其是含沙较多的苗圃地和造林地的实生苗，在干热夏季最易发生根茎灼伤。根茎灼伤程度与近地层的小气候、土壤条件及林木种类、地形等因素有关。夏季高温是根茎灼伤的主要致灾因子。砂质土壤易发生灼伤，山地比平原气温低，灼伤出现时间晚，危害也较轻。

2. 防抗技术　防止树木根茎灼伤的技术主要是对林木幼苗采用喷水、苗圃地盖草、插遮阴枝、搭遮阴棚等办法进行防御。

三、冻裂

1. 灾害症状　冻裂指林木在突然遭到零下低温的侵袭，或者在低温条件下太阳光直接辐射树干阳面，造成昼夜冻融交替，产生树干木质部撕裂而引起树木损伤。冻裂对树木是一种物理伤害。冻裂一般由临近地面的部位开始由下向上纵裂，也有从地面稍高处发生树干冻裂现象。开裂部位从干基 30～50 厘米以上纵裂，裂口长度 80～150 厘米不等。冻裂与木材的热膨胀、导温性、含水量、木射线等都有关系，其中，木射线的数量、大小和分布是主要影响因素，冻裂常沿较粗的木射线开裂。气温骤然降低到冰点以下，树皮和外部木材较快冷却而收缩，但内部木材受气温骤然降低影响小，收缩也很小。在内外收缩不一致的情况下，常沿木材力学性质较弱的地方即宽木射线方向发生纵向冻裂。此外，林木冻裂还与立地条件、发育状况、木材弹性和树皮光滑度有关。在土壤湿度大的地区生长的林木，树干含宽木射线较在干燥土壤上生长的林木多，冻裂率较大。树干发育越好，木射线越多，冻裂率越高。树皮粗而厚、木材弹性小的树种冻裂率高；树皮光滑、木材弹性大的树种不易冻裂。

2. 防抗技术　防御林木冻裂的技术主要包括 3 个方面：

①对小面积造林，可以采用涂药及糊泥巴等方法防治林木冻裂。②对农田防护林、护路林和片林，可在其向阳面，适当密植 1~2 行灌木，降低强冷空气的危害。③培育适生范围广、抗寒性强的林木。

四、抽条

1. 灾害症状　抽条也叫抽梢，是树木越冬期枝条皮层发生干皱的一种现象，在我国北方一些干旱地区极为普遍。特别是，幼树极易发生，抽条严重时可使植株枯死。抽条一般多在一年生枝上发生，随着枝条年龄增加，抽条率会下降。抽条发生是因为枝条水分平衡失调所致。初春气温升高，风多，空气干燥，树木水分蒸腾量猛增，而地温回升慢，温度低，根系吸水力弱，导致植株体内水分失衡，枝条水分散失过快而出现抽条。抽条发生是因为水分平衡失调，而水分平衡又受到气温、湿度、地形、土壤、日照和降水等自然条件及栽培方式的影响。病虫伤害导致抽条加重，例如幼树被大青叶蝉、茶小绿叶蝉产卵。土壤干燥，冬季温度太低，冬春干旱高温多风是导致果树抽条的主要致灾因素。

2. 防抗技术　抽条防治技术主要有 5 个方面：

①因时采用合理的方式，防止树体水分蒸发。可以通过营造防风林或者风障等措施，防止树体水分蒸发。此外，在冬季

对果树进行修剪时，一定要赶在抽干之前进行；在早春时通过勤锄地、铺地膜等方式来防止水分的蒸发。

②加强防寒，减小温差。对果树秋季要培土或喷涂白，缓解枝条因温差变化过大而抽条。

③合理用肥，防止枝条延长生长。秋季控制施肥，要增施磷钾肥（图 28），特别是幼树更要严格控制秋季施氮肥，防止枝条延长生长、组织成熟不好，引起抽条死亡。

图 28　施磷钾肥

④合理灌溉，补充水分。每年灌好封冻水和早春返青水。封冻水要灌在土壤封冻前；返青水要灌在土壤一解冻时，利于补充树体失水。

⑤减少间作，防止枝条生长。尽量不要与大白菜、油菜、芥菜等间作，减少茶小绿叶蝉危害，亦可用药及时防治浮尘子的发生。

五、雨凇害

1. 灾害症状　雨凇指超冷却的降水碰到温度等于或低于零摄氏度的物体表面时所形成玻璃状的透明或无光泽的表面粗糙的冰覆盖层，俗称"树挂"，也叫冰凌、树凝，形成雨凇的雨称为冻雨。我国南方把冻雨叫作"下冰凌""天凌"或"牛皮凌"。雨凇比其他形式的冰粒坚硬、透明而且密度大（0.85克/厘米³）。雨凇直接导致地面结冰、作物冻伤，林木断梢折枝，供电设施损毁，交通受阻。雨凇的危害程度除决定于雨凇的强度和持续时间外，风力的大小至关重要。风大时挂满冰柱的树木东摇西摆，失去平衡，易折干断头。雨凇最大的危害是使电线结冰，供电线路中断，造成输电、通讯中断。

雨凇和雾凇的形成机制差不多，通常出现在阴天，多为冷雨产生，持续时间一般较长，日变化不很明显，昼夜均可产生。形成雨凇时的典型天气是微寒（0～3℃）且有雨，风力强、雾滴大，多在冷空气与暖空气交锋，而且暖空气势力较强的情况下才会发生。雨凇出现时一般地面气温为－5～0℃，其中－1～0℃最适宜。积水开始结成薄冰。冬季严寒的北方地区以较温暖的春秋季节较多；南方则以较冷的冬季较多。雨凇发生必须具备暖层、冷层（呈逆温层结）和地面气温低于0℃三个条件。没有暖层，高空凝结的雪花或冰晶就无融化机会，只能降雪；没有冷层，则只能出现降雨；地面温度若在0℃以上，则无法形成结冰现象。

2. 防抗技术　雨凇灾害是一种难以防范的气象灾害。供电设施上，一般需组织人力破凇打冰，才能保障电线线路的正常。交通上，只能减少出行或增加防滑措施。林木上，人工林疏伐时应保留适当密度，疏伐强度不宜过大，可减轻雨凇的危害。

六、森林火灾

1. 灾害症状　森林火灾，广义上是失去人为控制，在林地内自由蔓延和扩展，对森林、森林生态系统和人类带来一定危害和损失的林火行为都称为森林火灾。森林火灾的大小常以受害森林面积、成灾森林面积和株数来衡量。森林火灾危害包括：①烧死、烧伤林木，直接减少森林面积，破坏森林结构，导致森林生态系统失去平衡。②烧毁林下野生动、植物资源，或改变其生存环境，使其数量显著减少，甚至使某些种类灭绝。③引起水土流失。森林具有涵养水源，保持水土的作用。森林火灾后，森林的这种功能会显著减弱，严重时甚至会消失。④引起大气污染。森林燃烧会产生大量的烟雾以及二氧化碳、水蒸气、一氧化碳、碳氢化合物、碳化物、氮氧化物、微粒物质，造成空气严重污染。⑤威胁人们生命和财产安全。森林火灾常造成人员伤亡，烧毁林区的工厂、房屋、桥梁、铁路、输电线路等。

发生森林火灾必须具备3个条件：①可燃物。如乔木、灌木、草类、苔藓、地衣、枯枝落叶、腐殖质和泥炭等都是可燃物，是发生森林火灾的物资基础。②天气条件。天气如高温、连续干旱、大风等与火灾发生有密切关系，天气是发生火灾的重要条件。③火源。火源是发生森林火灾的主导因素，有自然火源（雷击火、火山爆发和陨石降落起火）和人为火源（烧垦、烧荒、烧木炭、机车喷漏火、开山崩石、野外做饭、取暖、吸烟、小孩玩火和坏人放火）。在有可燃物质的前提下，火源是引发森林火灾的关键因素，气象条件是辅助因素。火源产生的星星之火，在连片可燃物和气象条件助推下可以形成燎原大火。森林火灾的3个关键致灾因子，可燃物提供了森林火灾发生发展的最基本的物资基础；火源是森林火灾的关键触发因子；天气条件（高温和连续干旱）是森林火灾的辅助因子。

2. 防抗技术　森林火灾防治技术主要包括：人为控制可燃物和火源，及时了解火险天气，进行防范。在高温干旱期，火灾高发，应设立森林重点防火期。在防火期内加强巡逻，及时发现和扑灭森林火灾。由于一部分森林火灾是由人类用火造成，控制人为用火是防治森林火灾的重要措施。同时，建立森林火灾预报预警系统，对森林火灾风险进行预报。

七、草原火灾

1. 灾害症状　草原火灾是指失去控制的草原燃烧，因自然或人为原因，在草原或草山、草地起火燃烧所造成的灾害。2008 年中华人民共和国国务院颁布的《草原防火条例》，草原火灾根据受害草原面积、伤亡人数、受灾牲畜数量以及对城乡居民点、重要设施、名胜古迹、自然保护区的威胁程度等，分为特别重大、重大、较大、一般四个等级。中国草原火灾主要发生在内蒙古的部分地区，其次发生在华北、西北、东北的一些地区。春秋季节气候干暖，极易发生草原火灾。草原火灾除造成人民生命财产损失外，主要是烧毁草地，破坏草原生态环境，降低畜牧承载能力，并导致草原退化。它还会向大气排放大量的二氧化碳和气溶胶，不仅会污染空气还会导致全球气候发生变化。草原火灾发生不仅关系到可燃物量、可燃物类型和可燃物湿度等可燃物的特征，还与大气湿度、大气温度、风速和风向等气象因子和地形、人的影响等许多因子有关。持续性的暖干天气，使草原处于极干燥、易燃的状态，草原上一旦出现火源，风助火威，就能迅速燃烧。降水影响可燃物的湿度变化。湿度的大小直接影响可燃物的水分蒸发。当空气相对湿度低时，可燃物失水多，草原火灾易发生和蔓延。降雪时，由于气温低，积雪不易融化，覆盖可燃物，不能与火源接触，发生火灾概率的很小。

2. 防抗技术　由于草原火灾主要由人为火源导致，因此控制人为用火是防治草原火灾的重要措施。同时，及时了解火险天气也是进行防范的重要方式。在高温干旱，草原火灾高发期，设立草原重点防火期，加强巡逻，及时发现和扑灭火源。

第十二章
防抗渔业气象灾害

一、泛塘

1. 灾害症状　泛塘指当养殖水体中溶氧量低于其最低限时，就会引起鱼类大规模窒息死亡的现象。泛塘主要发生在5~10月。养殖密度过高，养殖水体中浮游生物过快增长和繁衍，导致其呼吸所耗费的溶氧增加而使得水体缺氧。肥料、鱼类排泄物及其他沉积的有机物在分解过程中耗去大量溶氧。如施肥过量或施未经过发酵的农家肥，饲料投喂过多而大量剩余的残饵和鱼的排泄物发酵分解等都会消耗大量的溶解氧使得水体严重缺氧。气温、水温增高，气压低，从大气溶于水中的氧有减无增；连续的阴雨天气，光照条件差，浮游植物的光合作用无法正常进行释放氧气而呼吸作用又消耗大量氧气使得水体缺氧。天气的突然改变，比如雷阵雨前气压很低，水中溶氧减少，而短暂的雷雨，使池水的温度表层低、底层高，引起水的对流使池底腐殖质翻起，加速分解，继而消耗大量氧气，有时伴随着有害气体如硫化氢、氨等释放导致鱼类大量缺氧死亡。人为因素和气象因素都可以造成水体缺氧，产生泛塘。人为因素主要是养殖密度过大或投料过量，造成水质恶化，引起鱼类缺氧窒息而泛塘。气象因素，则是湿度大、温度高、气压下降、日照强度弱等都会引起溶解氧含量低，严重的会诱发鱼泛塘。

2. 防控技术　泛塘防治可以通过降低养殖密度；清理池塘污泥，打捞水中残留物质；加注新水带入的氧气；机械增氧，使用增氧机增加水体溶解氧。喷洒净水药物也可起到防治泛塘作用，例如喷洒过氧化氢、沸石粉、黄泥水等。

二、风暴潮

1. 灾害症状 风暴潮或称暴潮是由热带气旋、温带气旋、冷锋的强风作用和气压骤变等强烈的天气系统引起的海面异常升降现象，又称"风暴增水""风暴海啸""气象海啸"或"风潮"。在中国历史文献中又多称为"海溢""海侵""海啸"及"大海潮"等，把风暴潮灾害称为"潮灾"。风暴潮是发生在海洋沿岸的一种严重自然灾害，风暴潮的空间范围一般由几十千米至上千千米，时间尺度或周期为 1～100 小时。风暴潮往往夹狂风恶浪而至，溯江河洪水而上，则常常使其影响所及的滨海区域潮水暴涨，甚者海潮冲毁海堤海塘，吞噬码头、工厂、城镇和村庄，从而酿成巨大灾难。

风暴潮能否成灾，在很大程度上取决于其最大风暴潮位是否与天文潮高潮相叠，尤其是与天文大潮期的高潮相叠。当然，也取决于受灾地区的地理位置、海岸形状、岸上及海底地形，尤其是滨海地区的社会及经济（承灾体）情况。如果最大风暴潮位恰与天文大潮的高潮相叠，则会导致发生特大潮灾。风暴潮指由强烈大气扰动，引起的海面异常升降现象，强风或气压骤变等强烈的天气系统对海面作用是导致海水急剧升降形成风暴潮的直接原因，有利的地形，即海岸线或海湾地形呈喇叭口状，海滩平缓，使海浪直抵湾顶，不易向四周扩散，也有利风暴潮形成；同时，逢农历初一、十五的天文大潮，当天文大潮与持续地向岸大风遭遇时，也会形成破坏性的风暴潮。

2. 防控技术 风暴潮防控的主要方法是对风暴潮进行监测、预报和预警。我国在沿海已建立了由 280 多个海洋站、验潮站组成的监测网络，配备比较先进的仪器和计算机设备，利用电话、无线电、电视和基层广播网等传媒手段，进行灾害信息的传输。风暴潮预报业务系统较好地发布了特大风暴潮预报和警报，对预防风暴潮起到了不可替代的作用。

三、海冰

1. 灾害症状　海冰是极地和高纬度海域所特有的海洋灾害。海冰是海水中一切冰的总称，一般指直接由海水冻结而成的咸水冰，亦包括进入海洋中的大陆冰川、河冰及湖冰。咸水冰是固体冰和卤水（包括一些盐类结晶体）等组成的混合物，其盐度比海水低 0.2‰～1‰，物理性质（如密度、比热、溶解热，蒸发潜热、热传导性及膨胀性）不同于淡水冰。海冰具有显著的季节和年际变化，2～3 月北半球海冰面积最大。海冰一般情况下都浮于海面，形状规则的海冰露出水面的高度为总厚度的 1/10～1/7，直接影响人类的海洋活动。例如，它能直接封锁港口和航道，阻断海上运输，影响海上生产作业、毁坏船只以及海上重要工程设施等。海水结冰所需气温比水温低，水中的热量大量散失。海水结冰时的温度随盐度增加而降低。当气温下降时水温稍低于冰点时就迅速结冰。最初形成的海冰是针状的或薄片状的，随后聚集和凝结。继而形成糊状或海绵状。进一步冻结后，成为漂浮于海面的冰皮或冰饼，也叫莲叶冰。海面布满这种冰后，便向厚度方向延伸，形成覆盖海面的灰冰和白冰。

低温是产生海冰的必要条件，温度越低，海冰结冰厚度和冰期越长；海洋水体动态（波浪、海流、潮汐）是海冰致灾的重要因子，例如海冰在波浪、海流、潮汐等的影响下可以发展成各种形状和大小的浮冰块和流冰，对舰船航行和海上建筑造成危害。

2. 防控技术 关于海冰的防治方法主要是开展海冰观测和研究工作，及时掌握海冰发生、发展的规律，发布海冰的长、中、短期预报。

防抗病虫灾害

一、小麦条锈病

1. 危害症状 小麦条锈病是小麦锈病之一。小麦锈病俗称"黄疸病"，分条锈病、秆锈病、叶锈病 3 种，是中国小麦生产上分布广、传播快，危害面积大的重要病害，其中以小麦条锈病发生最为普遍且严重。苗期染病，幼苗叶片上产生多层轮状排列的鲜黄色夏孢子堆。成株叶片初发病时夏孢子堆为小长条状，鲜黄色，椭圆形，与叶脉平行，且排列成行。小麦近成熟时，叶鞘上出现圆形至卵圆形黑褐色夏孢子堆，散出鲜黄色粉末，即夏孢子。该病是我国大区间、典型远程气流传播流行的小麦病害，具有发生区域广、流行速率快、危害损失大的特点，主要危害叶片及叶鞘，破坏叶绿素，造成光合效率下降，并掠夺植株养分和水分，增加蒸腾量，导致灌浆受阻，千粒重下降，一般减产 20%～30%，最严重时几乎颗粒无收。

小麦条锈病侵染循环可分为越夏、侵染秋苗、越冬及春季流行四个环节。一旦气候条件适宜，又有适量的菌源，小麦条锈病常会在全国大范围流行。山东省德州、河北省石家庄、山西省介休一线以北，①月份平均气温低于-7～-6℃，病菌不能越冬。而这一线以南地区，病菌可以在小麦病叶里越冬。成为麦区小麦条锈病春季流行的重要菌源基地，病害扩展蔓延迅速，引致春季流行。由于条锈病流行性和传染性很强，在适宜的温度和湿度条件下，病害繁殖扩散速度非常快。秋季的菌源随气流传播到冬麦区后，遇有适宜的温湿度条件即可侵染冬麦秋苗。小麦条锈病发生需要：①菌源基地。冬季最冷月均温低于 $-6 \sim -7℃$，病菌能够越冬，成为麦区春季流行的重要菌源基地。②适宜温、湿度。当春雨降临时，孢子迅速繁殖扩散，这也是小麦条锈病春季流行的原因。

2. 防控技术 小麦条锈病是气传病害，必须采取以种植抗病品种为主，药剂防治和栽培措施为辅的综合防治策略，才能有效地控制其为害。适期播种，适当晚插，不要过早，可减轻秋苗期条锈病发生。近年主要推广三唑酮（粉锈宁）、特谱唑（速保利）等。

二、小麦赤霉病

1. 危害症状 小麦赤霉病别名麦穗枯、烂麦头、红麦头，是小麦的主要病害之一。小麦赤霉病在全世界普遍发生，主要分布于潮湿和半潮湿区域，尤其气候湿润多雨的温带地区受害严重。从幼苗到抽穗都可受害，主要引起苗枯、茎基腐、秆腐和穗腐，其中为害最严重的是穗腐。

小麦赤霉病由多种镰刀菌引起，包括：禾谷镰孢、燕麦镰孢、黄色镰孢、串珠镰孢等，都属于半知菌亚门真菌。优势种为禾谷镰孢，其大型分生孢子镰刀形。中国中、南部稻麦两作区，病菌除在病残体上越夏外，还在水稻、玉米、棉花等多种作物病残体中营腐生生活越冬。次年在这些病残体上形成的子囊壳是主要侵染源。子囊孢子成熟正值小麦扬花期。借气流、风雨传播，溅落在花器凋萎的花药上萌发，先营腐生生活，然后侵染小穗，几天后产生大量粉红色霉层（病菌分生孢子）。在开花至盛花期侵染率最高。在中国北部、东北部麦区，病菌能在麦株残体、带病种子和其他植物如稗草、玉米、大豆、红蓼等残体上以菌丝体或子囊壳越冬。在北方冬麦区则以菌丝体在小麦、玉米穗轴上越夏越冬，次年条件适宜时产生子囊壳放射出子囊孢子进行侵染。小麦赤霉病的发生需要：①菌源。病残体上形成的子囊壳是主要侵染源。②环境条件。赤霉病主要通过风雨传播，雨水作用较大。在降雨或空气潮湿的情况下，子囊孢子成熟并散落在花药上，经花丝侵染小穗发病。

2. 防控技术　小麦赤霉病防治方法主要有：①选用抗（耐）病品种，目前还没有找到免疫或高抗品种，但有一些农艺性状良好的耐病品种。②采用农业防治，合理排灌，湿地要开沟排水。③前茬作物收获后要深耕灭茬，减少菌源。④适时播种，避开扬花期遇雨。

三、小麦白粉病

1. 危害症状　小麦白粉病是一种世界性病害，在各主要产麦国均有分布。该病可侵害小麦植株地上部各器官，但以叶片和叶鞘为主，发病重时颖壳和芒也可能受害。初发病时，叶面出现1～2毫米的白色霉点，后逐渐扩大为近圆形至椭圆形白色霉斑，霉斑表面有一层白粉，遇有外力或振动立即飞散。后期病部霉层变为灰白色至浅褐色，病斑上散生有针头大小的小黑粒点，即病原菌的闭囊壳。

小麦白粉病的致病菌属于禾本科布氏白粉菌小麦专化型，属子囊菌亚门真菌。该菌不能侵染大麦，大麦白粉菌也不侵染小麦。小麦白粉菌在不同地理生态环境中与寄主长期相互作用下，能形成不同的生理小种，毒性变异很快。病菌靠分生孢子或子囊孢子借气流传播到感病小麦叶片上。4月雨量较多的年份，田间湿度大，5月上旬阴雨连绵极易造成小麦白粉病流行，如果又碰上小麦生长后期雨量偏多分布均匀，温度又偏低，将延长白粉病的流行期，加重病情。施氮过多，造成植株贪青、发病重。密度越大发病越重。

小麦白粉病发生需要的条件：①菌源。冬麦区春季发病菌源主要来自当地。春麦区，除来自当地菌源外，还来自邻近发病早的地区。②环境条件。小麦白粉病发生的适宜温度为15～20℃，低于10℃发病缓慢。相对湿度大于70%有可能造成病害流行。

2. 防控技术 小麦白粉病防治主要方法包括：①种植抗病品种，各地可因地制宜选用。②合理施肥，注意氮、磷、钾肥的配合使用。③根据品种特性和地力合理密植。④发病初期，用药剂防治效果较为理想。

四、稻瘟病

1. 危害症状 稻瘟病又名稻热病，俗称火烧瘟、碴头瘟，是水稻四大重要病害之一。世界各稻区均有发生。稻瘟病主要危害叶片、茎秆、穗部，可引起大幅度减产，严重时减产40%～50%，在水稻整个生育期都发生。在水稻秧苗期和分蘖期发病，可使叶片大量枯死，严重时全田呈火烧状，有些稻株虽不枯死，但抽出的新叶不易伸长，植株萎缩不抽穗或抽出短小的穗，孕穗抽穗期发病、节瘟、穗颈瘟严重发生，可造成大量白穗或半白穗。

稻瘟病的致病菌为稻梨孢，属半知菌亚门真菌。病菌以分生孢子和菌丝体在稻草和稻谷上越冬。次年产生分生孢子借风雨传播到稻株上，萌发侵入寄主向邻近细胞扩展发病，形成中心病株。病部形成的分生孢子，借风雨传播进行再侵染。播种带菌种子可引起苗瘟。适温高湿，有雨、雾、露存在条件下有利于发病。菌丝生长温度为8～37℃，最适温度为26～28℃。孢子形成温度为10～35℃，以25～28℃最适，相对湿度90%

以上。孢子萌发需有水存在，并持续6～8小时。适宜温度才能形成附着胞并产生侵入丝，穿透稻株表皮，在细胞间蔓延摄取养分。阴雨连绵，日照不足或时晴时雨，或早晚有云雾或结露条件，病情扩展迅速。放水早或长期深灌根系发育差，抗病力弱发病重。

稻瘟病的发生需要：①菌源。稻瘟病是真菌寄生引起，青灰色霉即是病菌的分生孢子，病害的扩展靠分生孢子在空气中传播。②环境条件。病菌发育最适温度为25～28℃，高湿有利分生孢子形成飞散和萌发，而高湿持续达一个昼夜以上，则有利于病害发生流行。

2. 防控技术　稻瘟病的防治方法主要有：①选用抗病品种，用拌种剂或浸种剂灭菌。②处理病稻草，消灭菌源。使用土壤消毒剂处理。③科学管理肥、水，注意氮、磷、钾配合施用，适当施用含硅酸的肥料。④在病害发生初期，及时用药控制病情，以防病菌扩散全田造成流行。

五、稻飞虱

1. 危害症状　稻飞虱俗名火蠓虫，是昆虫纲同翅目飞虱科害虫。稻飞虱在中国北方各稻区均有分布，喜在水稻上取食、繁殖，以刺吸植株汁液为害水稻等作物。常见种类有褐飞虱、白背飞虱和灰飞虱，体形小，触角短锥状，翅透明，常有长翅型和短翅型。危害较重的是褐飞虱和白背飞虱。早稻前期以白背飞虱为主，后期以褐飞虱为主。中晚稻以褐飞虱为主。稻飞虱对水稻的危害，除直接刺吸汁液，使生长受阻，严重时稻丛成团枯萎，甚至全田死秆倒伏外，产卵也会刺伤植株，破坏输导组织，妨碍营养物质运输并传播病毒病。稻飞虱生长发育的适宜温度为20～30℃，最适温度为26～28℃，相对湿度

80%以上。在长江中下游稻区，凡盛夏不热、晚秋不凉、夏秋多雨的年份，易酿成稻飞虱大发生。高肥、密植稻田的小气候有利其生存。稻飞虱耐寒性弱，卵在0℃下经7天即不能孵化，长翅型成虫经4天即死亡，耐饥力也差，老龄若虫经3～5天、成虫经3～6天即饿死。食料条件适宜程度对稻飞虱发育速度、繁殖力和翅型变化都有影响。在单、双季稻混栽或双、三季稻混栽条件下，可提供孕穗至扬花期适宜的营养条件，促使大量繁殖。中、迟熟，宽叶、矮秆品种等易构成有利稻飞虱繁殖的生境。偏施氮肥和长期浸水的稻田，较易暴发。稻飞虱的天敌种类很多，能有效抑制稻飞虱繁殖，如寄生蜂、蜘蛛等。

稻飞虱的发生需要：①虫源。稻飞虱的若虫在杂草丛、稻桩或落叶下越冬，每年发生3～8代。②环境条件。适宜温度为20～30℃，相对湿度80%以上。③稻飞虱属迁飞性害虫，稻飞虱长翅型成虫均能长距离迁飞，会在较大范围内扩散。

2. 防控技术　稻飞虱防治方法主要有：①选用抗病品种是防治稻飞虱最经济也是最有效的方法和途径。②加强肥水管理，适时适量施肥，掌控氮、磷、钾的合理搭配，做到促控结合。③适时露田，避免长期浸水。④科学用药，避免对稻飞虱的天敌过量杀伤。

六、纹枯病

1. 危害症状　纹枯病是由立枯丝核菌侵染引起的一种真菌病害，是水稻发生最为普遍的主要病害之一。水稻秧苗期至穗期均可发生，以抽穗前后最盛。该病主要危害叶鞘、叶片，严重时侵入茎秆并蔓延至穗部。病斑最初在近水面的叶鞘上出现，初为椭圆形，水渍状，后呈灰绿色或淡褐色逐渐向植株上部扩展，病斑常相互合并为不规则形状，病斑边缘灰褐色，中央灰白色。

　　纹枯病病菌主要以菌核在土壤中越冬，也能以菌丝体在病残体上或在田间杂草等其他寄主上越冬。次年春灌时菌核飘浮于水面与其他杂物混在一起，插秧后菌核黏附于稻株近水面的叶鞘上，条件适宜生出菌丝侵入叶鞘组织危害，气生菌丝又侵染邻近植株。水稻拔节期病害开始激增，向横向、纵向扩展，抽穗前以叶鞘危害为主，抽穗后向叶片、穗颈部扩展。早期落入水中的菌核也可引发稻株再侵染。水稻纹枯病适宜在高温、高湿条件下发生和流行。气温 18～34℃ 都可发生，以22～28℃ 最适。发病相对湿度 70％～96％，90％以上最适。菌丝生长温度为 10～38℃，菌核在 12～40℃ 都能形成，菌核形成最适温度 28～32℃。相对湿度 95％以上时，菌核就可萌发形成菌丝，6～10 天后又可形成新的菌核。日光能抑制菌丝生长促进菌核的形成。

　　纹枯病的发生需要 2 个条件：①菌源。稻纹枯病菌寄主范围很广，生命力强，菌源地广泛。主要以菌核在土壤中越冬，也能以菌丝体和菌核在病稻草和其他寄主残体上越冬。②环境条件。适温（25～32℃）高湿条件，氮肥使用过量，田水过深，保持时间长。

　　2. 防控技术　纹枯病的防治方法主要有：①肥水管理防病。以施足基肥、保证穗肥为原则，水稻生长中期不宜施氮肥提苗。灌水要贯彻"前浅、中晒、后湿润"的原则。②药剂防治。施药不宜过早（拔节期以前）、过迟（抽穗期以后），以保护稻株最后 3～4 片叶为主。

七、稻纵卷叶螟

　　1. 危害症状　稻纵卷叶螟为螟蛾科昆虫，是中国水稻产区的主要害虫之一，广泛分布于各稻区。除危害水稻外，还可取食大麦、小麦、甘蔗、粟等作物。幼虫危害水稻，缀叶成纵苞，躲藏其中取食上表皮及叶肉，仅留白色下表皮。苗期受害影响水稻正常生长，甚至枯死；分蘖期至拔节期受害，分蘖减少，植株缩短，生育期推迟；孕穗后特别是抽穗到齐穗期剑叶被害，影响开花结实，空壳率提高，千粒重下降。按照越冬情况，全国可以划分为3大区：一是周年为害区。1月平均气温16℃等温线以南，稻纵卷叶螟可终年繁殖，无休眠现象。二是冬季休眠区。1月平均最高气温7.7℃等温线以南，以幼虫或蛹越冬。三是冬季死亡区。1月平均最高气温7℃等温线以北，包括湖北、安徽北部、江苏、河南、山东等地，不能安全越冬。

稻纵卷叶螟是一种迁飞性害虫，自北而南一年发生1～11代；南岭山脉一线以南，常年有一定数量的蛹和少量幼虫越冬，北纬30°以北稻区不能越冬，故广大稻区初次虫源均自南方迁来。稻纵卷叶螟生长、发育和繁殖的适宜温度为22～28℃。适宜相对湿度80％以上。30℃以上或相对湿度70％以下，不利于它的活动、产卵和生存。雨量过大，特别在盛蛾期或盛孵期连续大雨，对成虫的活动、卵的附着和低龄幼虫的存活都不利。初孵幼虫大部分钻入心叶为害，进入2龄后，则在叶上结苞，孕穗后期可钻入穗苞取食。幼虫一生食叶5～6片，多达9～10片，食量随虫龄增加而增大，1～3龄食叶量仅在10％以内，幼虫老熟多数离开老虫苞，在稻丛基部黄叶及无效分蘖嫩叶上结满茧化蛹。

稻纵卷叶螟的发生需要3个条件：①虫源。稻纵卷叶螟对温度敏感，1月平均最高气温7℃不能安全越冬，虫源多数来源于南方地区。②环境条件。稻纵卷叶螟生长、发育和繁殖的适宜温度为22～28℃。适宜相对湿度80％以上。③稻纵卷叶

螟属迁飞性害虫，容易在较大区域内扩散。

2. 防控技术 稻纵卷叶螟的防治方法主要有：①选用抗（耐）虫水稻品种。②保护利用天敌。稻纵卷叶螟的天敌种类很多，我国稻纵卷叶螟天敌种类多达 80 余种。保护利用好天敌资源，可大大提高天敌对稻纵卷叶螟的控制作用。③药剂防治。结合其他病虫害的防治，灵活掌握施药时间。

八、草原蝗灾

1. 危害症状 蝗虫俗称"蚂蚱"，属直翅目，是一种世界性的农业害虫。我国蝗虫有 1 000 余种。在广大牧区，危害牧草的种类也很多，主要有西伯利亚蝗、戟纹蝗、小车蝗、牧草蝗、雏蝗、痂蝗等。蝗虫的生活史包括虫卵期、孵化期、幼虫期、成虫期 4 个阶段。蝗虫危害的特点在于周期性的种群大暴发，并能长距离迁飞。草原蝗虫大暴发时可严重危害牧草，加速草原沙化、退化。

蝗虫种类比较复杂，种群与种群之间发生期各异，产卵期也不相同。不同种蝗虫有不同的发生期，而同一年不同生境和不同海拔高度其发生期也不相同。这就导致了蝗虫的防治难度加大。蝗虫危害期一般在 6 月至 7 月，8 月因其交配产卵，取食减少而危害逐渐减轻，有些种类可以存活到 10 月中旬。温、湿度的年度变化直接影响蝗虫的发育和种群数量的消长，冬天的降雪和春季（4～5 月）的降雨对蝗虫卵的越冬及孵化有利，而 5～6 月的气温骤升和持续干旱对蝗虫的成活、生长、脱皮及羽化形成良好的条件。草原退化、沙化，生物多样性的减少，使蝗虫天敌数量减少，有利于草原蝗虫的繁衍。

蝗虫的发生需要 3 个条件：①虫源。蝗虫种类多，有很强的繁殖能力。②蝗虫具有很强迁移扩散能力。③环境条件。蝗虫的发生分布与温度、湿度有直接关系。春季的降雨和气温聚升对蝗卵的越冬及孵化、生长及羽化形成良好的条件。

2. 防控技术　草原蝗虫的防治方法主要有：①利用天敌控制。蝗虫的天敌种类很多，蛙类、壁虎、鸟类、禽类等。例如人工辅助建筑粉红椋鸟鸟窝，控制蝗虫效果明显，成本低、效果好。②牧鸡牧鸭治蝗。在牧区牧民牧放牲畜的同时开展牧鸡牧鸭治蝗。③微孢子虫、真菌、病毒生物制剂使用控制蝗虫危害取得了较好的效果。④化学药物防治。一般应掌握在蝗虫1～3龄跳蝻期用药，此时虫体小，不会迁飞，抗药性差，是扑灭蝗虫的最佳时机。

九、农区蝗灾

1. 危害症状　农区蝗虫主要包括农区飞蝗和土蝗。飞蝗是具有暴发性、迁飞性和毁灭性的重大生物灾害。东亚飞蝗主要发生在沿黄滩区、环渤海湾和华北湖库，西藏飞蝗主要发生在金沙江、雅砻江、雅鲁藏布江等河谷地区，亚洲飞蝗主要发生在新疆阿勒泰、塔城、伊犁州和阿克苏等地农区。

雌蝗虫将产卵管插入10厘米深的土中，蝗虫的卵约21天即可孵化。蝗虫的幼虫和成虫均能以其发达的咀嚼式口器嚼食植物的茎、叶；喜欢吃肥厚的叶子，如甘薯、空心菜。一旦发生蝗灾，大量的蝗虫会吞食禾田，使农产品完全遭到破坏。蝗虫趋水喜洼，蝗灾往往和严重旱灾相伴而生。在干旱年份，河、湖水面缩小，低洼地裸露，也为蝗虫提供了更多适合产卵的场所。干旱环境生长的植物含水量较低，蝗虫以此为食，生长得较快，而且生殖力较高。

农区蝗虫发生需要3个条件：①虫源。蝗虫具有很强的繁殖力，卵深藏于地下，难于被破坏。②环境条件。蝗虫将卵产在土壤中，农田周围的干旱环境对蝗虫的繁殖、生长发育和存活有许多益处。土壤比较坚实，含水量在 10%～20%时最适合它们产卵。③迁移能力。蝗虫飞翔能力很强，具有迁移扩散能力。

2. 防控技术　农区蝗虫的防治方法主要有：①生物防治。利用杀蝗绿僵菌、蝗虫微孢子虫等微生物农药和其他植物源农药防治。在新疆等农牧交错区，可采取牧鸡牧鸭、招引粉红椋鸟等进行防治。②化学防治。在高密度区和农田周边发生区，使用马拉硫磷飞防或地面喷雾，紧急控制蝗虫危害。③加强监测，及时发布农区蝗虫预报。

十、棉铃虫

1. 危害症状　棉铃虫为鳞翅目夜蛾科，属昆虫的一种，是棉花蕾铃期的主要害虫，广泛分布在中国及世界各地，中国棉区和蔬菜种植区均有发生。黄河流域棉区、长江流域棉区受害较重。近年来，新疆棉区也时有发生。棉铃虫是棉花蕾铃期重要钻蛀性害虫，主要蛀食蕾、花、铃，也取食嫩叶。受害幼蕾苞叶张开、脱落，被蛀青铃易受污染而腐烂，对棉花产量影响很大。棉铃虫可转株危害，每个幼虫可钻蛀 3～5 个果实。

棉铃虫在华南地区每年发生 6 代。棉铃虫发生的最适宜温度为 25～28℃，相对湿度 70%～90%。老熟幼虫吐丝下垂，在苗木附近或杂草下 5～10 厘米深的土中化蛹越冬。次年春季气温回升 15℃以上时开始羽化，成虫白天隐藏在叶背等处，黄昏开始活动，飞翔力强。卵多产在叶背面，也有产在正面、顶芯、叶柄、嫩茎上或杂草等其他植物上。初龄幼虫取食嫩叶，其后危害蕾、花、铃，多从基部蛀入蕾、铃，在内取食。

棉铃虫的发生需要 3 个条件：①虫源。9 月下旬成长幼虫陆续入土，在苗木附近或杂草下 5～10 厘米深的土中化蛹越冬。立春气温回升 15℃ 以上时开始羽化、产卵。②环境条件。棉铃虫发生的最适宜温度为 25～28℃，相对湿度 70%～90%。③成虫迁飞能力强，幼虫有转株危害的习性，每个幼虫可钻蛀3～5 个果实。

2. 防控技术　棉铃虫的防治方法主要有：①农业技术措施。在棉铃虫发生严重的地段，进行冬耕、冬灌，消灭越冬蛹，保护和利用天敌。②诱杀法。高压汞灯及频振式杀虫灯诱蛾，宜在棉铃虫重发区和羽化高峰期使用。③生物防治。利用中华草蛉、广赤眼蜂、小花蝽等自然天敌，控制其危害。④药剂防治。高效广谱杀虫剂丁硫克百威可有效杀死棉铃虫。

十一、玉米螟

1. 危害症状　玉米螟属于鳞翅目螟蛾科，又叫玉米钻心虫，是玉米的主要虫害，也危害高粱、谷子、棉花、水稻、甜菜、豆类等作物。玉米螟的危害，主要是因为叶片被幼虫咬食后，会降低其光合效率；雄穗被蛀，常易折断，影响授粉；苞叶、花丝被蛀食，会造成缺粒和秕粒；茎秆、穗柄、穗轴被蛀食后，形成隧道，破坏植株内水分、养分的输送，使茎秆倒折率增加，籽粒产量下降。

玉米螟在我国的年发生代数随纬度的变化而变化，1 年可发生 1～7 代。通常情况下，第一代玉米螟的卵盛发期在 1～3 代区大致为春玉米心叶期，幼虫蛀茎盛期为玉米雌穗抽丝期，第二代卵和幼虫的发生盛期在 2～3 代区大体为春玉米穗期和夏玉米心叶期，第三代卵和幼虫的发生期在 3 代区为夏玉米穗期。幼虫共 5 龄，有趋糖、趋湿和趋光性，喜欢潜藏为害。成虫昼伏夜出，有趋光性、飞翔和扩散能力强。

玉米螟的发生需要 2 个条件：①虫源。在玉米茎秆中越冬，次年 4～5 月化蛹、羽化成虫。成虫飞翔力强，喜欢在玉米叶背面中脉两侧产卵，一个雌蛾可产卵 350～700 粒。②环境条件。玉米螟适合在高温、高湿条件下发育。冬季气温较高，天敌寄生量少，有利于玉米螟的繁殖。

2. 防控技术　玉米螟防治方法主要有：①生物防治。玉米螟的天敌种类很多，例如在玉米螟产卵始、初期和盛期放玉米螟赤眼蜂。②灯光诱杀。7 月上旬至 8 月上旬利用高压汞灯或频振式杀虫灯诱杀玉米螟成虫。③药物防治：在玉米螟未蛀入玉米茎秆之前将锌硫磷颗粒剂，或呋喃丹颗粒剂，直接丢放于喇叭口内均可收到较好的防治效果。

十二、松毛虫

1. 危害症状　松毛虫属鳞翅目枯叶蛾科松毛虫属昆虫，又名毛虫、火毛虫，古称松蚕。常见有高山松毛虫、室纹松毛虫、云南松毛虫、黄山松毛虫、马尾松毛虫、赤松毛虫等。松毛虫是森林害虫中发生量大、危害面广的主要森林害虫。几种主要松毛虫都具有周期性猖獗成灾的规律。猖獗周期的长短，与地理分布、天敌资源、地形地势、植被情况及林区气候条件等有密切关系。

松毛虫成虫呈枯叶色，雌蛾多产卵于松针上，每一雌蛾产卵 200～800 粒，一般 300～500 粒。初孵幼虫在 3 龄前比较集中，有吐丝下垂习性，借风力传播。长江以南一般均以幼林松针丛为越冬场所。在黄河、淮河流域，赤松毛虫、马尾松毛虫大部分在树干皮层，一部分在树冠针叶丛中越冬。华北地区的油松毛虫以树皮下或地面石块下为越冬场所，东北的落叶松毛虫在地被物以下越冬。幼虫以最后一个龄期取食量最大，占整

个幼虫总食量的 $70\%\sim80\%$。常灾区多分布于大面积纯林地带。气候不但直接影响松毛虫的分布和世代的多少，同时也影响整个生物种群间的动态平衡，从而诱发间歇性周期发生和数量变动。在光、热充足的条件下，生长发育期缩短；在气候不适宜的情况下则可造成松毛虫大量死亡。长期干旱时寄主植物内部水分减少、糖分增加，可使幼虫的取食量增大，间接地促使害虫增加繁殖量。

松毛虫的发生需要 3 个条件：①虫源。一般在幼林松针丛、树干皮层、地被物或地面石块下越冬。落叶松毛虫每一雌蛾产卵 $200\sim800$ 粒，云南松毛虫最高产卵量高达 1 700 多粒。②环境条件。在光、热充足的条件下，生长发育期缩短，有利于松毛虫暴发。③成虫具有很强的迁飞扩散能力。

2. 防控技术 松毛虫的防治方法主要有：①营造混交林。创造不利于松毛虫生长发育的生态环境。②生物防治。应用白僵菌防治油松毛虫或赤松毛虫，设置人工巢箱招引益鸟，释放赤眼蜂等措施。③药物防治。使用化学农药在大发生初期防治小面积虫源地。

图书在版编目（CIP）数据

现代农业防灾减灾技术 / 周广胜，周莉主编 . —北京：中国农业出版社，2021.5（2021.9 重印）
ISBN 978-7-109-27959-9

Ⅰ.①现… Ⅱ.①周… ②周… Ⅲ.①农业气象灾害—灾害防治 Ⅳ.①S42

中国版本图书馆 CIP 数据核字（2021）第 031445 号

中国农业出版社出版

地址：北京市朝阳区麦子店街 18 号楼
邮编：100125
责任编辑：丁瑞华　王黎黎　黄　宇
版式设计：杜　然　责任校对：周丽芳
印刷：中农印务有限公司
版次：2021 年 5 月第 1 版
印次：2021 年 9 月北京第 2 次印刷
发行：新华书店北京发行所
开本：850mm×1168mm　1/32
印张：7.5
字数：200 千字
定价：30.00 元